U0169273

意会

算法时代的
人文力量

SENSEMAKING

The Power of the Humanities in the
Age of the Algorithm

（丹）克里斯蒂安·马兹比尔格 著
谢名一 姚述 译

中信出版集团 | 北京

图书在版编目（CIP）数据

意会：算法时代的人文力量 /（丹）克里斯蒂安·
马兹比尔格著；谢名一，姚述译. -- 北京：中信出版
社，2020.11
书名原文：Sensemaking: The Power of the
Humanities in the Age of the Algorithm
ISBN 978-7-5217-2259-8

Ⅰ.①意… Ⅱ.①克… ②谢… ③姚… Ⅲ.①算法分
析 Ⅳ.① O224

中国版本图书馆 CIP 数据核字（2020）第 178607 号

意会——算法时代的人文力量

著　　者：[丹]克里斯蒂安·马兹比尔格
译　　者：谢名一　姚述
出版发行：中信出版集团股份有限公司
　　　　　（北京市朝阳区惠新东街甲 4 号富盛大厦 2 座　邮编　100029）
承 印 者：三河市中晟雅豪印务有限公司

开　　本：880mm×1230mm　1/32　　印　张：6.75　　字　数：150 千字
版　　次：2020 年 11 月第 1 版　　　　印　次：2020 年 11 月第 1 次印刷
京权图字：01-2019-4841
书　　号：ISBN 978-7-5217-2259-8
定　　价：59.00 元

目
录

序 言

思考的尽头

1

全球最大医疗保健科技公司的一名执行副总裁正坐在会议室里，屋里到处是白板，投影仪屏幕上的演示文稿忽明忽暗。过去近十年里，这位执行副总裁所管辖的部门一直保持着两位数的业绩增长，其产品稳坐糖尿病保健品市场的宝座。可是今年，该部门已经是第三次没能完成预定的销售任务了。就在几个月前，他授意进行了一次广泛的市场调查，试图找到业绩下降的原因。市场调查员对全美和整个欧洲的数千名糖尿病患者展开调查，分析了数百个影响患者药物依从性的因素。调查结果表明，"有43%的2型糖尿病患者没有遵照医嘱服药，即出现服药不依从行为。其中84%的患者表示主要原因是他们忘记了"。这位副总裁火冒三丈，在董事会兴师问罪之前，他只有很短的时间来扭转局面。他说："我们在几十年前就知道患者出现不依从行为是因为他们忘记吃药。现在要搞清楚的是，我们该怎么做才能改变患者的这个习惯。"整个会议室鸦雀无声。在花费了数百万美元进行了长达数月之久的调查之后，依然没有人能理解患者的行为。

2

某位参议员候选人查看了她在一个"关键州"的得票平均值。她的顾问说，如果可以恰当地调节这些数值以反映当前的竞选环境，她就有把握在 11 月的竞选中获得胜利。他们尽可能地细分选民类型，并以此为依据拟定了她的演讲话题。"我们以前就见过这类情况，"他们说，"11 月的选举将会和上次、上上次的选举一样成功。"可是春天刚过，就发生了一些让人完全意想不到的事。一位出人意料的新候选人赫然登场。他没有寻找什么话题点，也没有细分选民的类型，他自己的演说技巧激发了选民的想象力，把一些看似迥然不同的文化主题和选民类型交织到一起，构成了一种未来的有力象征。那位领先的候选人在观看新候选人的公众演讲录像时，感受到了选民中洋溢着一种高涨的活力和激情。这种情绪让她有一种不祥的预感：尽管所有的数据都显示她处于优势，为什么她反倒觉得这个人的演讲更能和选民进行有意义的沟通呢？她瞬间感到惶恐，觉得尽管把每一件事都做得很好，她可能还是会落选。

3

一家主营太阳能的初创公司的创始人正努力了解太阳能市场发生的变化。面对能源分配由集中模式转为分散模式的变化，这位创始人必须要整合一系列不同的数据流。她的团队对自己的工程专业能力十分有信心，认为团队拥有太阳能市场最尖端的技术知识，于是几乎没有抽出时间去了解《企业可持续发展倡议》下产生的文化及政治动态。尽管他们有丰富的行业知识，却一直在失去客户。就在最近，他们最大的企业客户之一，一家零售连锁公司，因为急于在其营销平台上响应可持续发展倡议，宣布和另外一家太阳能公司合作，尽管这个新合作方的产品在技术和价格方面都不如原来的合作方。现在这位创始人必须立即找到新的合作伙伴，否则一两个月后她就无法支付员工的薪水了。她想：为什么我们会比不过那些技术不如我们的公司呢？我们疏忽了什么？

* * *

虽然"算法"一词出现在本书的副标题中，但实际上这不是一本有关算法的书，也不是一本有关计算机编程或是机器学习的书。这本书讲的是人。说得更具体点，这本书讲的是文化和我们这个时代发生的巨变。如今人们太过于关注科学、技术、工程和数学等学科，以及抽象化的"大数据"，几乎淘汰了所有其他用来解释现实世界的框架结构。这一巨变给我们的商业、政府和公司都带来了巨大的损害。而商业、政府和公司的表现，也展现出我们的社会低估了人类的参与和人类做出的判断，并因此付出了惨重的代价。我们对科学、技术、工程和数学的过度迷恋，侵蚀了人们对非线性变化的敏感度，弱化了人们从定性信息中提取信息的自然能力。人们不再将数字和模型作为展现世界的手段，而是开始把它们当作是事实，而且是唯一的事实。我们正在失去感知世界的能力。

诚然，硬科学[①]的确可以解释我们星球上的很多事，也就是物质的本质，但是它却不能很好地解释人类自己。就像著名的美国物理学家奈尔·德葛拉司·泰森所说的："在科学界，一旦有人类行为进入等式之中，事情就会变得非线性。这就是物理学简单，而社会学难的原因。"

说到底，真正重要的不是我们掌握了多少硬数据，或者有多少细分市场的方法。如果我们没有形成一个观察人类行为的视角，我们的观点就毫无力量。一旦我们脱离了每一次选举、每一次突破性创新和每一个成功的企业倡议背后的人类环境，我们就会限制自己真正理解世界的能力。

如果我们想真正理解我们所面临的挑战，就必须回到那个被算法所麻痹的人们看来，非常古老的、过时的批判性思维中去。这是我们所有的组织都非常欠缺的东西，也是我们公民话语各个方面都欠缺的东西。

---

① 硬科学（hard sciences），是自然科学与技术科学两大系统所有学科与其交叉学科的统称，主要包括数学、化学、物理学、天文学、地理学、生物科学等学科。——编者注

前　言

人为因素

> 生而为人，要旨在于不求完美。
>
> ——［英］乔治·奥威尔

　　媒体一直以来都在报道一些关于我们人类的负面新闻。我们每天都能听到与机器相比，人类是多么不理性、多么低效率的论调。与计算机相比，人类的大脑运转迟缓，而且为各种情感所累。在职场，人类往往败事有余，因为人们总是喜欢把事情复杂化、模糊化，把黑白分明的事变为模糊的灰色，因此拖延了项目的进程。人类需要通过经验来学习，而且学习到的东西无法像计算机算法得出的结果那样精确、严密、连贯。

　　如今人类在这个世界的地位岌岌可危，甚至到了要为自己的不足找个借口的程度。我们会在喝下午茶的时候，耸耸肩，说出我们的口头禅:"我们只是人类啊。"这句话反映了我们的文化是如何阐释人的:人类存在着许多不足之处。

这在工程界被称为人为因素。在诸如航空、供应链管理和制药等领域,所谓人为因素其实等同于"犯错的能力"。一个名为"人为因素研究"的新兴学术领域正在迅猛发展,主要研究如何优化和改正人类在人机交互活动中所犯的错误,以及机器该如何应对人类经常会犯的错误。例如,谷歌就把"人为因素研究"的成果应用于无人驾驶汽车上,试图解读人类驾驶员反复无常的驾驶习惯。然而,众所周知的是,人类的行为缺少规律,这使计算机无法完成完美驾驶的任务。

雪上加霜的是,一些记者和未来论者一直宣称:人类所做的大部分工作将很快被交由机器人处理。工人和客服人员将会是第一批被机器人替代的人,然后这一情况会扩展到整个劳动力市场:餐厅服务员、药剂师、医师、律师、会计师,甚至照顾老人的陪护人员。在记者和学者们看来,现在的问题不是这种情况会不会发生,而是一旦发生,我们人类该如何自处?

他们得出的解决方法似乎很简单,那就是如果人类还想在社会上做一个有用的人,想要拥有一份工作,那么人类就要向身边无处不在的算法妥协,甚至臣服于它们。每天我们都会听说某位有常青藤教育背景的经济学家找到了一个可以点石成金的解决方案,为某一行业开启了靠事实而不是靠人类直觉和经验解决问题的分析模式。我们身边充斥着各种来自亚马逊、谷歌或者其他应用程序和新兴公司的大数据评分。招聘网站 Glassdoor 根据就业机会、薪资水平和晋升机会等指标,将"数据科学家"评选为 2016 年美国排名第一的工作。我们狂热地认为,人们掌握的数据越多,就能获得更多的真知灼见。假如我们通过参考 100 个人的数据，学到了 X，那么是不是如果我们整合了数千人的数据，我们所学的东西就会呈指数增长呢？以此类推，整合了数亿人的数据会如何呢？数十亿呢？最近，脸书的首席执行官马克·扎克伯格捕捉到了人们对大数据的狂热。他向投资人提出，他想让脸书通过机器学习，创造出"世界上所有需要知道的知识的最清晰的模型"。

　　学生们也捕捉到了这一信息。在美国最负盛名的大学里，英语和历史等人文学科曾是最受欢迎的专业。但现在，人们对工程和自然科学的热衷程度远超于人文学科。20 世纪 60 年代以来，美国大学人文学科的学位数量减少了一半，学校对人文学科的资助也大幅下降——2011 年，人文学科得到的经费甚至连理工科的 0.5% 都不到。在社会科学内部，像社会网络分析、心理测量学这样的定量研究占据了主导地位，而像社会学、人类学这样的定性研究已被视为过时的学科了。2015 年的一次市民大会中，美国共和党总统候选人杰布·布什（Jeb Bush）说，心理学等专业的学生只能去福乐鸡（Chick-fil-A）这样的汉堡店打工。同年，日本教育部长责令日本大学取消社会学科和人文学科，或者将这些学科转变为"能更好满足社会需求"的学科。

　　也就是说，在官方看来，文学、历史、哲学、艺术、心理学和人类学等探求文化的人文学科，已经不再能满足社会的需求了；基于人性来理解不同的人和他们的世界，已经毫无用处了。既然大数据可以让人们获得浩如烟海的信息，那么人类主导的社会探索还有什么价值呢？既然算法可以"阅读"所有书籍，并对相关内容进行客观分析，那么人们读几本好书又有什么价值呢？戏剧、绘画、历史研究、舞蹈、陶艺以及其他无法剥离其独特性和具体背景，无法转化为大量具体信息的文化知识，它们的存在价值何在呢？

我之所以写这本书，就是想传达一个观点：它们的存在确有其价值。

如果我们对这种人文思考所孕育的文化知识置之不理，那么我们的未来将会面临巨大的风险。当我们只关注硬数据和自然科学，企图把人类行为量化成最细小的单位（夸克）或部分，我们其实是在削弱自身对所有无法如此分割、简化的知识的敏感度；我们就会失去书籍、音乐、艺术，这些可以让我们从复杂的社会背景中认识自我的渠道。

这绝不是什么高深莫测、仅限于象牙塔中的深奥话题。实际上，我在每天的咨询工作中都会目睹这一现象所导致的种种后果：我看到大公司的高层缺少领导力，他们受困于自己的世界里，忽略了客户和职员身为人的一面，错误地把大量的报告和模型当成真实的生活；他们的每一天被细切成微小的片段，所以他们觉得自己没有时间去吸收真实世界的混杂数据，于是他们在还没有理解实际问题的情况下，就想得出结论并解决问题。

其结果就是，这些高层管理者往往倾向于雇用那些有工程学背景，或者接受过 MBA 培训的初级管理者，让他们作为自己的士卒，战斗在数据的战场上。这些人只关注硬数据，而看不到那些现实存在的、令人震惊的问题和缺陷。所以许多初级管理者会在如今的商业世界遭遇玻璃天花板现象。他们就是所谓的简化论者，缺少识别出最令人振奋的、最基础的模型所需的敏感度。这些初级管理者只做"正确"的事：他们对整个系统了如指掌，在所有测验中都取得了好成绩；他们就读于最好的学校，门门功课成绩优异；他们的整个教育过程都在训练他们如何简化问题，然后解决问题。所以时至今日，他们已经丧失了跻身高级管理层所需的知识。

如果想在事业上取得成功，与STEM①教育相比，人文科学和社会科学的教育即便不是更为重要的，至少也是同等重要的。当然，想用硬数据来证明这一观点并不容易。那么且让我把这一和数据相关的问题放在一定的背景下来说明吧。2008年，《华尔街日报》刊登了由调研公司PayScale所做的有关全球薪资情况的大型调研报告。这项报告表明，单纯有STEM教育背景的学生通常一毕业就可以找到薪酬较高的工作。麻省理工学院和加州理工学院的毕业生在工作初期的薪酬中位值排名中占据前两名，约为72 000美元。而这些毕业生到了职业中期的时候，其薪酬中位值分别排到第3和第6的位置。

这项研究涵盖了美国全境的所有大学毕业生。其实，取中位值的测量方法对STEM毕业生更有利，因为人文学科的毕业生所从事的职业非常广泛，涵盖众多领域。如果你看全国最高薪酬人群，即处于职业中期第90百分位及以上的人群，你会发现情况大有不同。麻省理工学院毕业生的薪酬排名退至第11位，排在10所以人文学科闻名的学院和大学之后。而耶鲁大学和达特茅斯学院的毕业生在高薪值收入中位值排名中名列前茅——薪酬可超过30万美元。所有以STEM为主的学院中，只有卡内基－梅隆大学出现在了这个排名中。

同样的情况也出现在专业区分上。总体来说，计算机工程和化学工程专业的毕业生在收入方面排名靠前。职业中期，较高薪的前20个专业中很难看到人文学科。但是，同样地，如果看全国薪酬最高的

---

① STEM，是科学（Science）、技术（Technology）、工程（Engineering）和数学（Mathematics）四门学科英文首字母的缩写。——编者注

第 90 百分位，情况会突然发生逆转——政治学、哲学、戏剧和历史专业占据了靠前的位置，这些专业往往隶属于像科尔盖特大学、巴克内尔大学及联合学院这样的纯文科院校。

从这些数据中我们可以得出的结论是，STEM 教育背景通常可以使学生在毕业初期获得一份体面的工作和较好的收入，但是那些有权势的人，即掌控大局、打破玻璃天花板、改变世界的人，往往拥有的是文科教育背景。如果你听惯了硅谷人士、政治家甚至一些教育部门领导的言辞，你可能会感觉这一说法非常不可思议。但是如果你在一家全球性企业或有国际影响力的机构工作过，就会明白这一说法很有道理。我从事咨询工作近 20 年，客户遍布全球，他们都是首席执行官和管理人员。我可以明确地告诉你，最成功的领导者都是充满好奇心、接受过广博教育的人。他们既可以欣赏小说，也可以阅读电子图表。

难道我们真的相信，那些管理者看清一家全球性保险公司的未来出路，或判定某项拟议立法的政治和社会影响时，是完全仰仗于线性决策树或电子表格里的数据吗？2007 年 2 月，雷曼兄弟公司拿出了一打恢复正常的资产负债表，宣布其市场总值达到近 600 亿美元，创造了历史新高。可还不到一年，他们的股票就暴跌了 93%，公司开始申请破产。雷曼兄弟的一系列数据集掩盖了更复杂的事实真相，这直接导致了该公司的破产：2003 年和 2004 年，雷曼兄弟公司收购了 5 家抵押贷款公司，其中包括两家向没有任何证明文件的借贷人发放贷款的次级抵押贷款公司。当时正值房地产繁荣时期，公司的利润是前所未有的，于是公司向越来越多的人发放贷款，而对其偿还能力的审查却越来越少。此外，这些不良贷款还被打包成极其复杂的金融产品——CDO（债权抵押债券）。如果任何领导者或高管愿意走出办公室，去街上观察一下实际情况的话，就会很容易发现现实情况到底如何——次贷市场的大多数借款人都会违约，无法偿还贷款。对于我们这些在2008年9月把退休积蓄都投入股票市场的人来说很不幸的是，很少有金融界的领袖认为他们需要花时间去关注现实世界的数据。一旦停止思考，处于危险之境的不只是我们的智力，还有我们的企业、我们的教育、我们的政府以及我们一生的积蓄。

不只是我一个人对此深表担忧。许多非常出众的领导者都正在公开呼吁，我们要培养更多有人文学科教育背景的思考者来应对我们的未来。2011年，航空航天制造商洛克希德·马丁公司的前董事长兼首席执行官诺曼·奥古斯丁在为《华尔街日报》写的评论文章中呼吁，要加强美国中小学的人文基础教育。他说："历史不仅仅告诉我们一个国家或者文明的故事，它还能培养出有批判意识的思考者。他们能吸收、整合并分析信息，阐述自己的发现。这是许多学科和专业所需要的技能。"

宝洁公司前首席执行官雷富礼曾在谈到当今复杂的管理环境下人们如何取得商业成功时，给出过一个建议：去修一个文科学位。他在《赫芬顿邮报》中写道："学习艺术、科学、人文知识、社会科学和语言，可以提高思维的灵巧度，让一个人处于一种开放状态，更容易接受新的观点。这就是人们在持续变化的环境中获得成功的资本。就像志向高远的职业棒球联盟投手需要灵活有力的手臂和冷静的头脑一样，有前途的管理者也需要接受广博的教育来有效应对未来的不确定性。学习广博的人文学科课程可以让学生培养概念性的、创造性的、批判性的思维技能，这是训练有素的思维的基础要素。"

这些出众的领导者与其他站在商业、政界和创业领域前沿的领导人一起为社会敲响警钟，呼唤受过良好教育的劳动力。毕竟，对于金融、媒体或政策部门的领导者来说，拥有人文学科的教育背景是很平常的事：美国运通公司的现任首席执行官肯尼斯·切诺尔特认为，他在历史方面的深入研究是他领导力和管理智慧的试金石；IBM前首席执行官彭明盛曾在约翰斯·霍普金斯大学主修历史；美国前财政部长汉克·保尔森曾在达特茅斯大学学习英语；惠普公司的前首席执行官卡莉·菲奥莉娜认为，她本科所学的中世纪历史是她了解高科技世界的坚实基础；迪士尼公司的前首席执行官迈克尔·艾斯纳在大学时没有选择商业和金融课程，而是主修了英语和戏剧专业；著名投资人卡尔·伊坎在普林斯顿大学所写的哲学论文题目是《论恰当地阐述经验主义意义标准的问题》；美国联邦储蓄保险公司的前主席希拉·贝尔在堪萨斯大学读本科时也是主修哲学；黑石集团董事长兼首席执行官苏世民在耶鲁大学选择了一门跨学科的专业，他将该专业描述为"心理学、社会学、人类学和生物学的集合，实际上就是对人的研究"。

然而，现在越来越多的人认为，与数据分析专业或者最新的计算机编程在线速成课程相比，这些人文学科与现实脱节。这种转变造成的结果，就是我们再也体会不到诗歌、雕塑、小说和音乐的价值所在。一旦我们低估了人文学科的贡献，就会丧失探求不同于我们所处世界的其他世界的机会。当我拜读像托马斯·曼所写的《魔山》这样伟大的小说时，我能真实地感受到一战期间和之后的欧洲大陆所遭受的惨重破坏；当我看到像《捕猎独角兽》这样的中世纪挂毯时，就会理解文艺复兴之于法国人的意义；当我参观京都的龙安寺禅宗花园时，各个石头的布置方式和呈现出的纹理、质感，让我明白了日本人的世界观和审美观的核心。

无论你学的是中国建筑、墨西哥历史还是伊斯兰苏菲派哲学，其中所用的这种思考方式都可以训练我们的大脑去整合各类数据，让我们的大脑不是为了证明某种狭隘假设的错与对而存在，而是为了探求世界的某个特殊性。我认为，这种文化参与是人们想要了解任何一群人的一种必要训练。例如，如果你在药厂工作，就需要了解糖尿病患者的世界，否则你肯定无法在糖尿病药物开发上有所突破。如果你从事汽车制造业，就需要了解中国司机的生活，否则你生产的汽车就无法契合全球最大汽车市场的需求。如果你在公共部门工作，就需要掌握社会科学的工具来辩证地思考官僚主义文化。

所有人文学科的学习经历，能教会我们如何去想象其他的世界，而且远远不止于此。当我们能够通过自身所掌握的文化知识和对人类经验的解释来充分想象其他世界时，我们就必然会形成一种更为敏锐的视角来反观自己的世界：我们就能看出一些模型或金融革新何时脱离了现实；我们就能辨认出哪些是经受过科学和现实的洗礼，经得起现实和未来考验的模式。这些模式可以让我们获得洞察力，并最终帮助我们形成真正的视角。从长远角度来看，与数据铸成的樊笼相比，这种视角无论是对我们的收入还是人生都大有裨益。

这种充满活力的文化参与是我所谓的"意会"（sensemaking）的基础。这些年，学者们用"意会"一词来描述不同的概念。我在本书中仅以此词来描述一种古老的文化探求实践，而这一实践过程的基础，就是一系列处于被遗忘边缘的价值观。在意会的过程中，我们利用人类的智慧来探索一种有意义的差异，这种差异对他人重要，对我们而言也很重要。

本书所介绍的意会，将会带领我们畅游 20 世纪哲学原理的世界。我们会看到构成人文研究之基础的理论和方法，讨论可以帮助我们从非线性数据中提取意义的不同方法。我们会审视创造性洞察所带来的经验，并在审视的过程中除掉一些假借创新和突破之名、实则误导我们的观点。我们还会了解一些意会方面的大师级人物，进而了解为什么只有人类智慧才是唯一能培养出观点的智慧。

我们的文明，从未像今天一样被人工智能、机器学习和认知计算所诱惑。我们这个政治、金融、社会、科技和环境系统相互交叠的世界，从未像今天一样如此密不可分地联系在一起。我们必须提醒自己以及我们的文化：人的因素为何是感知这个世界的最重要的因素。

就让我们从现在开始吧。

第一章
感知这个世界

真正的才华，体现在人们对未知、危险和矛盾的信息的判断之中。

——温斯顿·丘吉尔

去福特公司总部参观的人，首先会注意到的就是各国的国旗。它们环绕在雄伟的蓝色大楼入口处，每一面国旗代表着一个设有福特分公司的国家，数量之多会让人产生走进联合国大会的感觉。

福特公司总部的大堂和较低楼层也充斥着这种欢快的外交氛围，人们来来往往，工作高效、待人友好，数不清的电梯叮叮咚咚地上下忙碌着。总部的顶楼却出奇地安静。那里是马克·菲尔兹的办公室，他从2014年开始担任福特公司的首席执行官，所有去顶层的人都要确保不会耽误他太多的时间与精力。

从菲尔兹的顶层办公室向外望去，可以看到庞大的福特厂区。参观者需要乘车去参加会议，因为要想步行穿越整个厂区几乎是不可能的。从窗户看去，整个厂区就像是由工程师们组成的小王国，他们在这里制造动力传输装置、刹车系统和相关软件。厂区的左边是产品开发总部，右边是营销大楼。

身处这样的高位，马克·菲尔兹每天要做各种决策，这些决策会对全球各地几十万的福特员工产生持久的影响。但是从根本上讲，他的视野也是具有局限性的：像大部分首席执行官一样，他也被来自官方和非官方的各个层级的人包围住，导致他无法接触到真实的世界。为了与他进行一个小时的会议，福特公司的员工会花上几个月的时间精心准备，反复练习该如何回答他可能提出的问题。因此，无论是从直接还是间接的角度，福特公司的 199 000 名员工为他提供的信息都是经过精心加工的。有些人会掩盖问题，因为他们不想让菲尔兹从自己这里听到坏消息。还有一些人会精心编辑、简化自己要描述的内容与细节，以彰显其高效。当每一次交流都被精心编辑和处理时，菲尔兹将面临与强大的人类智慧失联的风险，而人类的智慧恰恰是帮助其做出战略决策的重要因素。然而，他无法做到面面俱到。无论如何，菲尔兹还是要每天在这种局限下，做出能够决定年收入 1 500 亿美元的企业的未来决策。

过去，他可以凭借直觉做出很多选择，毕竟他在汽车行业有数十年的经验，其中包括担任马自达公司的首席执行官。而且，目前福特公司的汽车销售模式仍然很适合福特的消费者，即通过开发新性能来吸引车主。客户们很愿意花更多的钱来享用新技术。从 1908 年推出第一款 T 型车以来，福特公司一直继续沿用其成功的营销策略——低价格、高品质。福特公司在汽车工程技术方面的专长一直深受消费者的青睐：与通用汽车公司不同，福特公司一直是汽车爱好者喜爱的公司。简单来说，菲尔兹、福特的许多工程师以及购买福特汽车的消费者是生活在同一个世界里的。

但是，当生活在其他世界的人也开始购买福特汽车时，会发生什么呢？毕竟，生活在巴西或中国的人，与美国人的世界观、情感和抱负是截然不同的。对于他们来说，福特公司坚实的工程基础和中产阶级价值观是毫无意义的。而且，福特汽车特有的高质量特性对他们来说也不重要，甚至会损害汽车的价值。例如，福特公司一直致力于探索"车道偏离警示系统"这一技术，目的是使汽车在行驶过程中保持在车道中间，不会压线。但是，如果福特公司潜在的中国客户所生活的城市并没有明确划分不同功能的行车线怎么办？此外，福特公司一直在研发无人驾驶汽车，但是许多福特汽车的新消费者都居住在印度新德里这样的地方，他们通常会雇一个司机给自己开车，以此彰显自己的身份和地位。

面对诸多类似问题，像马克·菲尔兹这样的高管目前所具有的视野似乎突然不那么具有优势了。他现在不能仅仅基于他自己所生活的世界的知识来做决策了。他需要理解那些生活在截然不同的文化中的人。说起来，一个底特律的工程师与一个购买卡车的得克萨斯州司机可能有相同相通之处。但是，菲尔兹和福特的工程师们已经开始感到，他们并不了解那些在上海打拼的，渴望在艺术圈构建人脉的年轻人到底想要什么，或者那些在金奈①工作繁忙却渴望有更多个人思考空间的企业家最需要什么。

当我与菲尔兹这样的高管一起工作时，我的主要任务是帮助他们探索其他文化，了解新兴市场中的人。这些高管往往都以同样的方式来描述自己的经历：他们不再相信单纯依靠直觉能做出明智的决策了。他们会说："我已经失去了我的直觉。"而且，他们都想迅速地找回直觉。但是，怎样才能做到这一点呢？

只有深入了解其他文化之后，马克·菲尔兹才能搞清楚他之前遇到的问题。只有密切接触一种文化并沉浸其中，我们才能从该文化中获得具有意义的见解。在用"密切接触"和"沉浸"这两个词语时，我所指的并不是市场调研得出的数字或数据分析，我所指的是一种涉及人文学科的文化研究：阅读该文化的重要文本，理解它的语言，了

① 金奈（Chennai），印度第四大城市。——编者注

解和感知该文化中的人是如何生活的。像"在巴西城市地区生活的
21~35岁之间的人，有76%会购买优质咖啡"这样的数据，对我们了
解文化是毫无意义的。

以星巴克为例。的确，星巴克的成功主要依赖科技和定量分析：
他们需要最先进的咖啡机和烘焙机；他们需要一个高效的供应链，精
心设计的移动应用程序和最新的财务技术来推动公司的发展。但是
星巴克真正的核心和灵魂，也就是其成功的理由，是其简单却深邃
的文化洞察力。星巴克前首席执行官霍华德·舒尔茨懂得如何改造南
欧的咖啡文化来适应美国人的生活方式。在今天看来，这一切似乎
是理所当然的，但是35年前，咖啡在北美洲就是那种温热的福爵咖
啡（Folgers）。舒尔茨不仅需要理解意大利的语言和文化，还需要了
解如何将意大利的咖啡文化与美国人对更多可分享的社区空间的渴望
相融合。所以在收购星巴克前，他曾亲自去意大利考察一些著名的咖
啡馆。

当我们想要真正了解人，了解那些生活在丰富而真实的世界中
的人时，我们需要这样的文化智慧。我们需要了解他们在炉子上炖了
一个小时的法式豆焖肉的味道如何；我们需要知道早晨沙漠里的风会
吹起沙土，眯住他们的眼睛；我们需要知道他们的诗歌中从来不用第
一人称单数；我们还需要知道在受到袭击时，他们会把大山当作避难
所。对文化的探寻应该充分调动我们人性的各个部分，我们必须将我
们的智慧、精神和所有的感官都投入这项任务中。我们必须要记住：
如果我们想了解其他文化，我们就必须放下那些偏见和假设。当我们
真的做到了放弃一部分的自己时，作为交换，我们会获得全新的东
西——洞察力。我把培育这种洞察力的实践称为"意会"。

什么是意会?

意会(sensemaking)是一种基于人文学科的实践方法。我们可以将意会看作是与算法思维完全相反的事物:意会完全存在于具体的环境中,而算法思维则存在于被剥离其特殊性的信息之中。算法思维具有广度,它可以每秒处理数万亿字节的数据,但是只有意会才具有深度。

关于意会,我们可以追溯到希腊的哲学家亚里士多德,他将实践中得来的智慧称为"实践智慧"(phronesis)。一个展现出"实践智慧"的人,不仅仅拥有抽象的原理和规则,因为实践智慧是知识与经验的巧妙结合。

在商业领域,娴熟的交易员能够根据市场条件进行交易,经验丰富的企业经理能够感知数万人的企业中所发生的细微变化,这就是实践智慧的展现。当一项司法改革实施时,政治家可以马上预想到各个选区的选民可能出现的一系列反应,这就是其实践智慧的展现。许多有知识、有经验的领导者,会把系统、组织和社会描述为他们自己身体的延伸,已经是你中有我,我中有你。

他们是如何取得如此卓越的成就的?尽管达成这一目标没有捷径可走,但还是有一些基本的原则可以帮助我们保持开放的心态,以获得最重要的洞察力。这些原则都是以人文学科的丰富理论与方法为基础的。我将对应着算法时代主流的假设一一介绍这些原则。

在接下来的章节中,我会深入阐述每个原则,并为该原则提供丰富的思想渊源和知识背景。我们还将了解大师级的实践者对这些原则的独特解读。

意会的五个原则：

（1）要注重文化，而非个体；

（2）要掌握厚数据，而不仅是薄数据；

（3）要大草原，而不是动物园；

（4）要创造，而不是制造；

（5）要仰望北极星，而不是依赖 GPS（全球定位系统）。

原则一：要注重文化，而非个体

诺贝尔文学奖得主艾丽丝·门罗曾经写道："那些看似深深扎根于我们头脑里的，最私密、最独特的偏好，实际上却犹如风中的孢子，寻找任何欢迎它们着陆的地方。"我们喜欢把自己想象成高度独立的个体，希望有非常自主的行为模式。然而，尽管现代自由民主制允许人们独立思考，但我们对什么是适合的，什么是相关的概念还是通过社会大环境形成的。就如同门罗指出的，这个社会大环境决定了什么是适合和相关的，并且让它们像"孢子"一样飘来飘去。

这一点为什么重要呢？因为如果我们想要从最深的层次洞察一种文化，我们首先必须理解该文化中人们的行为方式及其背后的原因。这种对人们行为方式的理解，很少以某个个体的言论或者其声称的行为为基础，相反，它是以整个世界为基础的。无论我们是身处于对冲基金经理、工会员工、艺术家、母亲还是政治家的世界里，作为人类，我们对其他人如何行动、变革和思考十分敏感。

哲学可以帮助我们更好地理解这一点。尽管哲学常常被认为是晦涩难懂的，但它是我们深入分析文化假定 ① 的最伟大、最具有智慧的工具。许多人认为马丁·海德格尔是 20 世纪最伟大的哲学家。1927 年，他提出的"我们每天生活需要的氧气，应该被称为'存在'"推翻了所有西方哲学的假设。他将其定义为"在此基础上，存在得到了理解"。这种对"我们"这个概念全新的、激进的构建方式，与当时盛行的哲学家勒内·笛卡儿的"我思，故我在"形成了鲜明的对立。海德格尔的"存在"，与脱离了环境的、主观的、个体的思考与分析毫无关系。

　　海德格尔以及后来追寻他的脚步的一代哲学家提出：纯粹的、独立的个体很少能扮演重要的角色。对于这群哲学精英来说，社会环境，或者说"存在"，不仅仅是我们每天行为的驱动力，同时也是过滤器，通过这样的过滤器，现实世界展示出其所具有的意义。例如，如果我们是生活在中世纪的欧洲孩童，我们的抱负必然与教会有关。而中世纪的年轻骑士会将其所有的经历看作是自己接近上帝的方式。今天的年轻人绝对不会想成为骑士，除非是为了化装舞会。我们的真实世界，即我们所感知到的每件事物，都是高度情境化和历史性的。而且多数时候，在思考的过程中，我们是无法超越该情境的。海德格尔认为，人类是由他们所生活的社会定义的，所有的这一切都意味着，当福特公司的马克·菲尔兹想要了解如何在中国、印度和巴西这样的国家销售汽车时，他需要深入了解这些新兴市场中的驾驶者所生活的社会环境。而意会是获得这种理解最快捷，也是最有效的方式。

---

① 文化假定（Cultural Assumption），是指在某个经由教育而被接受的未经评估的（常常是隐含的）信念。由于人们是在社会中接受教育的，因而常常无意识地接受了这个社会的立场、价值观、信仰和惯例。——编者注

需要明确的是，意会不是对艺术的肤浅学习，比如把一张专辑里的歌作为背景音乐，或者在博物馆中徜徉半个小时。

意会是一种高要求的文化参与形式，正是它的严谨性使它能为实践者带来回报。

让我以两位音乐家为例，来说明意会是如何发挥作用的。如果你播放爵士乐，比如萨克斯演奏家查理·帕克的唱片，你就能回到20世纪40年代纽约哈莱姆的明顿爵士俱乐部，那里的空气中充斥着浓浓的烟味和种族之间紧张的氛围。你甚至可以听到帕克娴熟的演奏在打破时间与空间的界限，随着他演奏得越来越快，你会体验到一种全新的音乐形式——波普爵士乐。

然而，如果你播放大卫·鲍伊在1977年发行的专辑《英雄》，并且深深地沉醉于"我们可以成为英雄，哪怕只有一天"这句歌词中，你就能感受到当时年青一代的悲观和玩世不恭，就能感受到他们对找到工作和美好的未来不抱任何希望。

上面提到的两种音乐都为我们提供了进入另一个世界的入口。我们从中可以感知到，第二次世界大战时期纽约哈莱姆地区的爵士乐音乐家，以及后朋克时期伦敦、纽约街头的年轻人是如何构建现实的。通过音乐中的微妙之处，我们能了解到特定年代、特定地区的文化，以及人们所希望、所恐惧的事情。我们也能了解到，在当时的艺术和政治领域，以及全社会中，什么事物是被热情接纳的，什么规则是需要被打破的。

在最近一次参观洛杉矶艺术博物馆时，我对此深有体会。当我走进中世纪晚期伊斯兰教艺术作品展厅时，我看到一位面容憔悴的老人正坐在长椅上，抬头看着一幅描绘爱人团聚的画作。画中，亚当安静地坐在中间，四周环绕着金色的天使。为了不打扰那位老人，我特意站在了展厅的后面，但是他却转过头和我攀谈起来，他的眼中充满泪水。他和我说，他是一名来自墨西哥的非法劳工，因为母亲的去世而悲伤不已。他说，画中的故事让他产生了共鸣。在他看来，这位生活在一个他完全不了解的世界、几百年前的艺术家显然对家人有着和他相似的愿望。"他一定希望他们在死后可以去往一个美丽、祥和的地方。"他对我说。然后，他停下来想了想，又说："他一定和我一样。"

伟大的艺术可以让我们跨越时代，产生共鸣。它邀请我们与超乎想象的世界产生共情，同时又揭示出塑造了我们当下这个世界的特定假设。

一些文化在开会时优先考虑会议的效率与秩序，而另一些文化则把开会视作各方结成联盟和确定权力的方式。在某些文化中，午餐是为时两个小时的盛宴；而在另外一些文化中，午餐就是一个 10 分钟可以吃完的三明治。在某些圈子中，野心是被赞美和推崇的，而在另一些圈子中，野心则受到诋毁和嘲笑。这些潜规则看似遥不可及，实则近在咫尺。只有当我们近距离用心观察，或者当它们被打破时，我们才能看到它们。例如，当一个新入职的员工要求有一个高管头衔时，公司原来的员工才会意识到公司文化对等级关系的蔑视。

当我们进行意会时，我们不再将房间看作一个充满各种物品的空间，而是开始将它看作是构成文化现实的一个结构。在算法思维中，一瓶香水可以由里面装了多少毫克的液体来定义，而钢笔就是带着金属头的一块塑料。相比之下，意会会将每一件事物与其他事物关联起来：香水和口红、高跟鞋、短信一样，是约会世界必备的物件。而钢笔和文字处理器、纸、书一样，是写作世界的一部分。我们生活中的每一件物品，都与其他事物之间有着某种联系，没有任何东西是在真空状态中独自存在的。

哲学家给这一概念起了很多名字。法国思想家皮埃尔·布尔迪厄将其称为"惯习"；阿根廷政治哲学家厄尼斯特·拉克劳与法国哲学家米歇尔·福柯将其称为"会话"，也有其他人将其命名为"我们的对话"或"对话"。所有这些思想家都应该感谢马丁·海德格尔，他是第一个提出所谓"存在"或背景实践的人。

尽管哲学家们对这个概念的描述已经有近100年的历史了，但在现代社会中，它仍时常被忘记或被忽视。对于定量分析占绝对主导地位的领域（金融类公司、教育和医疗机构）来说，共享世界与背景实践的理念还是过于激进的。我们一起看看企业或政治运动组织是如何了解市场和选民的：在一个小组座谈或者调查中，他们会将调查对象从他们日常生活的环境中抽离出来，就一些互不相关的观点、产品或政策构思提出问题。他们这种去情景化的行为，最终只可能使他们错过所有了解调查对象乃至人类行为的机会，这也是他们得出的结论往往是错误的原因。

"注重文化，而非个体"这个概念，是对目前人们普遍认同的"人类行为是基于个人的选择、偏好和逻辑架构"这一理念的必要修正。我们将在第三章中进一步深入探讨共享世界的架构与重要性。

原则二：要掌握厚数据，而不仅是薄数据

如果意会注重的是文化，而非个体，那么我们就可以推断出，形

成感知的数据应该具有完全不同的结构。例如，在对法国文化进行研究时，如果我们只采用经济合作与发展组织（OECD）提供的数据，那么，该研究就会枯燥无味。我们不如去关注那些最能触及法国人生活实质的信息，比如一条刚出炉的法棍或一杯波尔多的葡萄酒；比如阅读一首兰波的诗或者聆听一首塞尔日·甘斯布的歌。当然，这些信息可以给我们带来愉悦，也对意会过程至关重要。

1973 年，美国人类学家克利福德·格尔茨（Clifford Geertz）提出了一个新的词汇——"深度描述"（thick description），用来说明他的人类学田野调查记录的特征。他所感兴趣的不仅仅是人类的行为，还有人类行为是如何与文化背景相关联的。格尔茨的大部分学术生涯都致力于描绘具有文化复杂性的、微妙的肢体语言。以眨眼为例，计算机可能会将眨眼归类为持续一毫秒的眼部抽搐，但是我们都知道，眨眼的意义远不止如此，这一细微的动作可以传递出"我不是认真的""我们一起走吧""你是个白痴"以及很多难以用语言表达的信息。

借用格尔茨提出的这个词汇，我想将意会数据称为"厚数据"（Thick Data），因为这种数据表示的是在某种文化中具有意义的内容。

厚数据不仅可以捕捉事实，还可以捕捉这些事实的背景。例如，86% 的美国家庭每周会喝掉超过 6 升的牛奶，但是他们为什么会喝牛奶呢？一个 0.09 磅[①]的苹果和一克的蜂蜜是薄数据。而与之相比，一份配苹果蘸蜂蜜的犹太新年餐就是厚数据。

我们可以这样思考：如果你现在正坐在一把椅子上，你会清楚

---

① 　1 磅 ≈453.59 克。——编者注

如果你把椅子向后挪会发出怎样的声音。如果你从 4 英尺 ① 的高度抛下一张纸，让它一点点飘落到地板上，你会知道当纸脱离手指时的感觉，你会知道当它落下时会翻转、会飘动，你也知道最后它会悄无声息地落在地板上。想想你知道的一切：你只要简单触碰一下杯子，就知道咖啡太凉；你看一下配偶的眼神，就知道有不对劲的地方。哲学家将此称为我们对世界的熟识，即是我们每天都会面对的生活背景。

这种类型的知识并不是陈腐平庸的事实，它们是我们应对世界的方式，是我们如何在超市里选择商品，如何做饭，如何了解彼此，如何砍倒一棵树。我们运用这种知识来理解并应对这个世界。这也是人工智能研究人员不断试图模仿复制，但一直无法做到的部分。正是这类知识构成了厚数据。

与薄数据不同，厚数据并不具备普遍适用的特点，因此常常会被认为是不充分或不严谨的，被人们所忽略。但事实是，我们的生活是被厚数据所主宰的。如果我们在决策的时候忽略它，或试图忽略它，我们就陷入了对人类的误解之中。在商业领域，这种误解会带来灾难性的后果。毕竟，商业活动几乎就是对人类行为的一次次赌博：哪种产品最好卖，哪位员工最有可能成功，客户愿意接受怎样的价格……那些善于赌博的公司，往往能够在市场上蓬勃发展，而唯一能做到常赌不败的方式就是更好地理解人类。

厚数据与薄数据形成鲜明的对照。当我们观察自己的行动与行为留下的轨迹时，我们就会得到一些数据，例如我们每天要走多远的路；我们在互联网上检索什么；我们睡多少小时；我们有多少社会关

---

① 1 英尺 =30.48 厘米。——编者注

系；我们听什么类型的音乐；等等。这些信息可能是由你浏览器中的cookies、你手腕上佩戴的智能手环，或你电话中的GPS收集来的。这些信息中所包含的人类行为特性无疑是重要的，但是它们并不能反映人类行为的全部。

如果薄数据旨在根据我们的行为来理解我们，那么厚数据就是根据我们与所生活的世界的联系来理解我们，所以情绪是厚数据最重要的数据形式之一。例如，我们可以一致认为办公室的气氛有些沉闷，或者聚会应该是刚刚开始；我们清楚地知道，观看一场激动人心的体育赛事，或参与一场热血沸腾的政治游行是怎样的感受；我们都能够因某个特定时刻，例如"9·11"事件而感到悲伤，也能在看到见义勇为的行为时感到欣喜；如果我们的同事对我们说，她觉得公司还没有做好变革的准备，现在大家感觉压力很大，我们会点头表示赞同。理解了这种类型的数据后，我们就能感受到周围的世界不断发生的微妙的变化。

为什么理解这种数据是必要的？不管掌权者如何估测，领导人和关键战略的决策者几乎总是被一层层的抽象数据所包围。我曾经观察过许多企业高管，他们都受过专门的培训，平时一副沉着、自信的样子。然而一旦面对业务、客户和残酷的现实时，他们就会十分震惊、脸色苍白。制鞋企业的管理人员一般会获赠免费的鞋子，因此许多人根本不会去网店或实体店买鞋。所以他们根本就不了解鞋子的价格、款式和鞋码等真实数据。许多汽车企业的高管，自入行以来就没有自己买过汽车，那么他们又怎么可能了解客户的情况呢？一旦缺乏这样的经历，呈现在高管眼前的数据就失去了真实性。这些数据没有了具体的语境背景和色彩，所呈现的只是这个世界的抽象表征，而不是世界本身。

简而言之，高层领导者的想象力和直觉正在枯竭。他们像节食的人一样，一直生活在干巴巴的事实与从有机生命体中剥离出来的薄数据中。这样的"节食"可以使他们在市场相对稳定的时期生存下来，但是当市场发生变化时，他们就会偏离正确的路径。在不断变化的环境中，我们重新与人类的情感，甚至是人类的内心联结起来是至关重要的。这就是厚数据的用武之地。

原则三：要大草原，而不是动物园

我们在哪里可以获得更多的厚数据？我们必须以复杂美丽的人类世界为背景来研究人类。我们将其称为"现象学"，或人类经历研究的哲学方法的基础。在现象学中，我们观察的是存在于社会背景中的人类行为，而不是抽象的数字。这就像是我们观察一群狮子在真正的大草原中捕猎，与观察它们在动物园中被喂食的区别。严格来说，这两种情境中的狮子都是在进食，但你觉得哪个情境更能反映出它们真实的情况？

我想用关于爱的问题举个例子。2012 年，谷歌上被检索最多次数的问题是：爱是什么？美国生物人类学家海伦·费舍尔（Helen Fisher）给出的回答得到了大量的点击。根据功能性核磁共振成像的结果，费舍尔和她的同事得出的结论是："浪漫的爱情"不是一种情绪，而是一个激励机制，一种无意识的化学反应。我们去爱，是因为爱鼓励我们与潜在的伴侣建立关系。

这就是爱在实验室里所表现出的样子，但是费舍尔的解释无法让我们了解爱是一种什么样的体验。历史学家告诉我们，浪漫的爱情是到了近代才出现的现象。在古印度，爱被看作是对社会结构的破坏，在中世纪，爱等同于精神错乱。那么在今天，爱是什么？成千上万的离婚律师一定不会赞同费舍尔提出的"爱是激励机制"的观点。只有观察人们在现实世界中的行为和经历，我们才有可能洞察爱是如何起作用的。

研究人类经历的方法，并不是关注那些特殊的方面，而是关注那些对我们所有人，或我们中的大部分人来说普通的、共有的部分。它与"决定系数 $R2$"或样本量无关。实际上，一小部分人再加上他们所处的情境就足够充分了。为了能够充分了解我们共有的行为模式，我们应该收集和理解这些经历。这样的方法可以让领导者实际接触到那些他声称为之服务的人。

我经常听到我周围的高管说，他们想通过找到客户的"痛点"或"未被满足的需求"来帮助客户、消费者和员工。在我看来，这些说法只是表达出他们居高临下的态度，他们是在俯视别人，将他人的经历抽象化。如果你想真正了解周围的人，就必须平视他们，做他们之所做，见他们之所见。但是即使是这样也还不够。如果你真的想了解一种文化，你就要去了解这一文化的艺术传承、历史和习俗。没有任何一种训练可以比研究人类经历更能使你获得这样的视野了。

原则四：要创造，而不是制造

为了更好地理解这个世界，我们花了很多时间在人文科学上，那么我们该如何通过意会来获得真正的洞察力呢？在什么情况下我们可以采用假设并验证的方式？在什么时候我们最好不要有任何先入为主的观念？我们在解决问题的过程中可以采用不同的推理方式：这也是几百年来人们关注的焦点。在 19 世纪晚期，美国哲学家、逻辑学家查尔斯·桑德斯·皮尔士（Charles Sanders Peirce）界定了三种我们可以用来解决问题的推理方式：演绎法、归纳法与溯因法，它们分别适用于不同的条件。

演绎法通常被称为自上而下的推理方式，因为它以更具有普遍性的规律与理论为出发点，然后试图将其应用于具体的事例之中。例如，由"所有的女人都终有一死，莎莉是一个女人"，我们可以推断出"莎莉最终也会死去"。演绎式推理对于有固定边界的受限性问题是一种很有用的方法，但是这种方法没法吸收新的信息。

归纳法与演绎法完全相反。它自下而上，以具体的观察为起点，然后上升成一个理论。例如，"莎莉是医生"，然后通过我们对莎莉的观察，我们可以补充"莎莉刚刚完成学业"，而由此我们可以推断出一个解释或理论——"莎莉是从医学院毕业的"。但有一个问题是，当你进行归纳式推理时，你会将自己限制于一套框架之中。在解决已知或未知的特定类型的问题时，这样的方式是非常可取的，但是对于涉及文化和行为的问题，这种方法就不再好用了。我们可能观察到莎莉是一名医生，然后推断出她念的是医学院，但是这种思维框架与我们试图解决的问题无关，因此毫无意义。我们可以试图在一种完全不同的文化背景下去理解莎莉：作为母亲，她是如何与孩子相处的？或者作为地区政治的积极参与者，她的生活是什么样子的？在这些情况中，归纳法会在我们知道调查结果之前，把可能的见解排除在外。

皮尔士主张，只有溯因式推理，或非线性的问题解决方式，才能催生出新的想法。他将这种推理定义为有根据的猜测。下面是一个简单的例子：房子的一个窗户被打破了，首饰盒不见了，家具被掀翻了，衣服被扔得到处都是。通过溯因式推理，我们可以得出最合理的结论：这个房子发生了入室盗窃。

对于皮尔士来说，溯因法是寻找答案的方法。在过去的几百年里，我们见证了科学的发展，人们开始相信工业化时代可以征服一切。皮尔士在他的《逻辑第一定律》[①]一书中，对我们自认为知道的事物提出了质疑。他说："千万不要堵住质询的路径。"他还列出了四种我们在推理中会犯的错误：

（1）武断且坚决地认为自己是正确的；

（2）认为有些事不可知，是因为我们还没有相应的技术去研究它们；

（3）坚持认为，科学中的某些内容是不可解释、不可知的；

（4）认为一些定律或真理已经达到其最终的、完美的状态。

皮尔士反对任何理论都是"正确的"，同时坚持认为理论只可能是"接近正确的"。换言之，他认为理论总是有继续完善的空间，而且出现新真理的可能性是无限的。

这样，我们就很容易理解为什么科学家们会摒弃"你不可能对某件事有绝对透彻的了解"这一观点，因为事实并不具有结论性。我们

---

① *First Rule of Logic*（1899），查尔斯·桑德斯·皮尔士著。

都希望我们的成果可以包含一定程度的确定性，因为总是生活在一个不确定的状态下，感觉很不好。皮尔士在他 1877 年的文章《信仰的确定》[①] 中谈到了这种不舒适感。

> 不确定是一种让人心神不宁、不满意的状态，因此我们挣扎着想摆脱这种状态，并让自己进入信仰当中；信仰是一种令人平静、满足的状态，我们希望能置身其中，不去逃避，也不改变信仰。

最后他提出：人们坚持过时的有时甚至是完全愚蠢的观点，主要就是为了避免让自己处于这种"让人心神不宁、不满意的状态"之中。换句话说，人们经常会做出一些不明智的决策，只是因为思考会带给我们不舒适感，所以我们不愿意努力思考。我这里所指的思考，不是用归纳法或演绎法去推理，即通过逻辑和线性步骤来解决问题的思考方式。我所指的思考，是可以带来创新性见解的思考方式——需要绞尽脑汁，会遇到死胡同，但是也会有意想不到的突破。对我们中的大部分人来说，要想无限期地处于这种不确定的状态是极度困难的。但是，不确定是唯一一种使我们能够获得新的理解力的存在状态。这才是创造力的真相。

原则五：要仰望北极星，而不是依赖 GPS

我们似乎生活在一个空前复杂的时代。我们生活的世界发生震荡

---

① "The Fixation of Belief"（1877），查尔斯·桑德斯·皮尔士著。

式变革的速度已经使我们无法看清全局。无论是试图应对像亚马逊、Hulu[①] 和网飞公司等流媒体公司崛起的电视行业工作者，还是受到自相矛盾的健康研究所困扰的医疗工作者，都很想举手投降，并向周围的机器求助：大数据和计算机算法一定能更好地解释这一切。作为人类，我们已经无能为力了。

我接下来要说的话可能会让你震惊：我认为我们的世界并没有比以前更复杂，也没有比以前更难以理解。是的，我们有了互联网，也有了可穿戴的计算机设备，但是我的祖母经历了两次世界大战，经历了盘尼西林的发现和大规模生产，经历了投资银行和太空旅行的出现，经历了农业革命，亲眼见证了大饥荒，也见证了人们在饥荒后构建的新粮食系统的产出已远远超出了个人需求（如果分配合理的话）。而这些只是她那个时代中少数几个彻底改变世界的创新。是的，我们正在经历变革。变革是不是震荡式的？我的祖母会说："不一定。"

今天的世界让我们觉得非常复杂，是因为我们已经沉迷于将世界看作是一个事实的集合。大数据让我们觉得，我们似乎可以也应该了解地球上所有应该知道的事情。但这是一个愚蠢的想法，因为它会让所有有这种想法的人感到无助。当我们专注地盯着 GPS，听从它发出的指令时，我们就失去了对在我们头上闪耀的星星的感知能力。我们每个人都可以使用导航工具，但是我们必须承担起解读信息的责任。这就意味着，企业高管应该随时准备去理解政治、科技和文化领域的新知识，并解读它们在这个日益相互交织、依赖的

① Hulu，一个美国视频网站，2009 年成为全美第二大视频网站，仅次于 YouTube。
　　——编者注

世界的作用。

这其中就包含了意会可以给我们带来的最大收获：它可以教给我们领导力在大数据时代的两个最基本的原理。

首先，意会可以指引我们选择最适合收集所需数据的情境。毕竟抽象地收集数据是毫无意义的。我们需要收集什么数据？为什么收集数据？如何收集数据？如果没有某种范式来思考你想研究的东西，你就不可能研究这个世界。

其次，意会可以使我们形成将数据整合成为描述性文字的思维方式，这样得出的解释才可以为收集到的信息补充很多有意义的东西。

通过这样的方式，意会可以教会我们应该关注什么。我们并不是想了解所有的事物，而仅是一部分事物。在复杂的环境中，意会可以使我们决定什么才是真正重要的。

例如，食品生产业务绝不仅仅包含制订市场进入计划、投入资本和进行产品定位。它还需要理解我们与食物的关系：我们如何消费食物；如何分享食物；食物对我们来说有什么意义……战略不仅与财务相关，同时也与文化、人、情感、行为和需求相关。

GPS 在各层面上减少了人为因素的参与，而意会则像北极星，为人类指明方向。我们要学会自由徜徉于丰富且真实的世界之中，培养全新的视野，去感知我们身在何处，又将去往何处。如果说算法思维给我们提供了客观的错觉或是没有根源的观点，那么意会则能让我们决定自己身处何处。而且最重要的是，意会让我们了解我们前进的方向。

在我们开始意会之旅前，先让我们置身于一种激进地推崇算法思维，希望用算法理解世界的文化当中。没有哪个地区比"硅谷"更认同这种理念了。我在硅谷这个词上加了引号，因为我所说的硅谷不仅仅指美国旧金山湾区南部那个狭窄的区域。现在，硅谷是一种意识形态，一种认为硬科学知识要优于所有其他知识的心态。它的文化特权已经渗透到了我们现代生活的方方面面，包括商业、教育、医疗、媒体和政府等。如果我们不能彻底摒弃这种硅谷心态，我们就无法探讨进行意会的紧迫性。

第二章

硅谷是一种心态

"数据！数据！数据！"他急躁地喊道，"巧妇难为无米之炊！"

——亚瑟·柯南·道尔，《铜色山毛榉》

图书馆会永远存在，它就是宇宙。对于我们芸芸众生来说，一切还没有来得及书写，我们还没有变成幽灵。我们穿过走廊，在书架上搜寻，整理图书，在杂乱无章的文字中寻找意义，阅读历史和未来，收集我们的和他人的思想。我们会时不时地照照镜子，这样我们才可能意识到我们是信息的集合。

——豪尔赫·路易斯·博尔赫斯，《巴别图书馆》

2013 年，在一次会议中，马克·扎克伯格对投资者说，除了进一步提升全球互联性、强调知识经济外，脸书将致力于"理解世界"这一全新的使命。在扎克伯格看来，"理解"这个词很快将意味着："每天，人们会将数十亿的内容和联系上传到脸书的 Graph[①]，通过这种方式，人们在构建一种关于这个世界所有需要知道的知识的最清晰的模型。"

这还只是目前硅谷发出的浮夸言论之一。除此之外，谷歌广为人知的使命是"集世界之信息，为世人所用"。2013 年，在接受《财富》杂志采访时，Jawbone（卓棒）公司的副总裁杰里迈亚·罗比森解释说，他们的运动追踪装置 UP 智能手环的目标是"去理解行为变化的科学"。推特与 Square 移动支付公司的创始人杰克·多尔西对一屋子的企业家们说，初创企业追寻的是甘地和开国元勋的脚步。在 2014 年举行的媒体发布会上，优步的首席执行官兼联合创始人特拉维斯·卡兰尼克宣称："随着优步的发展与扩张，公司已经从并不十分正规的硅谷科技初创企业，发展成为全球数百万人的一种生活方式。"

在美国经济萎靡、政治陷入僵局的时候，硅谷的愿景无疑给社会带来了希望。因此，这种占据硅谷的心态，也在美国的文化生活中流

---

① Graph，脸书的算法搜索机制。——编者注

行起来，随着我们对科技设备的依赖性越来越强，我们的日常生活越来越离不开网络。就像其他的社区一样，硅谷有着强大的共享文化与愿景，这种文化与愿景是硅谷取得成功的原因。现在，硅谷的箴言已经渗透到主流话语中，如"共享经济""跨越式增长""失败中前进""精益创业"等。尽管这些词汇并不完全相同，但它们传递的理念是一样的，即科技将会解决所有问题，而且解决方案一定是革命性的。在硅谷，没有人会在创建新公司的时候说："我们会基于过去 50 年中所发生的微小的、渐进的变化，进一步对该领域进行微小的、渐进的改变。"硅谷发生的每件事，都是一次颠覆，都是和过去的决裂、与未来的靠近。

这种文化已经颠覆了我们教育孩子的方式、做生意的方式和我们作为公民的自我认知方式。在这个过程中，硅谷要么贬低了以人文科学为基础的教育，要么就是认为这种教育方式在 21 世纪已经过时、无用了。风险投资家马克·安德森在 2014 年发布的《文化冲突》一文就反映了这种心态——他认为人文学科已经落后于文化的发展趋势了。他写道："那些不能深入掌握数学、科学和技术的人，将很难理解未来的世界。"贝宝（PayPal）的创始人、投资者彼得·蒂尔甚至创建了蒂尔奖学金，用于资助那些放弃大学学业进行创业的年轻人。

这样看来，硅谷所认同的价值到底是什么？让我们先来批判一下这种心态中的一些主要假设，这样我们才能更好地理解这种心态是如何改变我们的精神生活的。在硅谷心态中，意会一直是极度缺失的，也是极度被需要的。

颠覆性创新背后的假设

在硅谷，人们总是喜欢谈论"颠覆"。成功的企业家颠覆了传统的工作方式——他们颠覆了市场，而不是简单地销售一种产品。当我们理解了这种"颠覆"所隐含的假设时，就可以真正了解硅谷是如何看待创新和发展的。用硅谷的话说，颠覆一个行业，意味着"过去"与"未来"之间的彻底决裂。这反映的是一种科学思维，在这种思维方式中，假设在被提出时，被认为是可行的或"真实的"，直到它被证明是错误的，或者人们找到了新的假设来取代它。只要经过严谨验证，证明该假设成立，这种假设就可以替代之前所有的研究。当然，这一假设的成立也是暂时的，最后总会有一个新的假设取代它的位置。

这种心态与人文学科的知识传统形成了鲜明的对比，人文学科并不主张知识的彻底突破，也不认为过去的经验是过时的。相反，人文学科关注的是主导力量与态度是以何种方式塑造当代文化，以及因时间的推移和距离的转换而过时的知识的复苏。就如同托马斯·斯特恩斯·艾略特在其 1940 年的诗作《东科克》中所写的："只有去找回那已经失去的东西，但一旦找到又重新失去，又去寻找。"[①]

但是硅谷文化认为人文科学与职业生涯的关系不大。颠覆就是拒绝曾经。硅谷是想与人们积累的知识进行彻底的决裂。因为这种"颠覆"反映的是一种理念，即创新需要无惧改变、与过去决裂，创新是属于年轻人的一种特质。硅谷推崇无经验，因为初生牛犊不怕虎，没

---

① 汤永宽译。

经验的人会更愿意冒险。马克·扎克伯格在2007年参加斯坦福大学的一次活动时，对与会者说："年轻人就是更聪明。"这句话概括了目前盛行的态度。与这一观点相呼应的是，2011年风险投资人维诺德·科斯拉在一场科技活动上对在场的听众说："45岁以上的人基本不会有什么创新思想了。"在这样的场合，对传统智慧的否定是一种必要的"社交礼仪"。一位不愿透露姓名的分析家告诉《纽约客》的记者："如果你是一名硅谷的工程师，你肯定没有什么动力去读《经济学人》。"

硅谷心态表现为对量化的痴迷。在硅谷的年轻人看来，量化是智慧与经验的替代品。量化的形式有很多，其中"量化自我"运动就是人们用设备追踪和量化他们各个方面的行为。这也反映了美国社会对量化的青睐：无论是在医疗、教育、政府，还是在我们个人生活领域，这种趋势目前正以一个新的词汇为我们所熟知——大数据。

大数据背后的假设

大数据背后的假设关注的是相关性，而不是因果关系。大数据可以提供信息，但是无法给出解释。大数据可以构建事物在统计上的显著关系，却不能解释它们为何会出现这样的现象。随着数据集越来越大，大数据的结果出现错误的风险也会越来越高。2014年，经济学家、记者蒂姆·哈福德在《金融时报》的一篇文章中写道："大数据并没有解决困扰了统计学家和科学家几百年的问题——关于洞察力的问题，也就是如何推断到底发生了什么，并找出如何干预或优化一个系统的方式。"

　　如果大数据取代了传统的研究方法，而不是与之共存，会出现怎样的结果？谷歌的流感趋势①检索给我们提供了一个典型的案例。2008年，谷歌的研究人员提出了一个用搜索词条预测疾病大规模暴发的想法。经过筛选与流感相关的检索，并对这些检索进行追踪，研究人员想当然地认为他们可以比美国疾病控制与预防中心（CDC）更早预测出流感的暴发。他们所采用的技术被命名为"临近预报"（nowcasting）。研究人员将理论付诸实践，并将其研究结果发表在《自然》杂志上。大家都觉得，这似乎是一次巨大的成功——谷歌的检索可以比美国疾病控制与预防中心提早两周预测出流感暴发。

　　之后，谷歌的流感趋势预测就不灵验了。它并没有预测出2009年的H1N1流感大暴发，又高估了2012—2013年的流感疫情。到2013年年底，在为期两年的时间里，谷歌流感趋势预测的结果显示，这108个星期中，有100个星期都有流感暴发的可能。到底是哪里出了问题？原来，谷歌的算法对于任何与流感季节相关的检索都会产生反应，但这些检索的背后不一定与真正的流感暴发有关。例如，像"高中篮球"和"鸡汤"这样的检索都会引发谷歌算法的流感警报。这是因为大数据并不关注解释，而只是反映经验主义者的思维。大数据想要从等式中去除偏见，充分采用演绎思维，摒弃归纳的探究方式。它的逻辑是，在数据充分的情况下，数字就可以指向结论，根本不需要理论。但是，就如同我们在谷歌流感趋势的例子中所看到的，我们还需要进行更深入的分析，以探讨数据的相关性，并确定因果关

---

①　谷歌流感趋势（Google Flu Trends）是谷歌公司于2008年推出的一款预测流感的产品。——编者注

系。大数据无法摆脱对传统研究方法的依赖，因为它的意义仍然来自对数据的解读。如果像谷歌这样处理数据的话，大数据永远不能做到保持中立，不偏不倚。

尽管像谷歌预测流感趋势这样的例子暴露了大数据的局限性，但硅谷的数据推崇者们仍然在不遗余力地宣扬大数据的优点。他们的论点基于2008年《连线》杂志中的一篇传奇文章，标题为《理论的终结》，作者是克里斯·安德森①。根据文章中的观点，我们过去解释系统的方式，即模型或假设，已经变得越来越落伍了，与真理始终存在距离。2008年，互联网、智能手机和客户关系管理软件（CRM）已经提供了大量数据。"数字不言自明，"安德森引用谷歌研究部主管彼得·诺维格的话写道，"所有的模型都是错误的，没有它们你也能成功。"最终，安德森接受了诺维格的观点并将其大肆宣扬：

> 在这个世界，大量的数据和应用数学将替代所有我们可能使用的工具。从语言学到社会学，关于人类行为的所有理论都过时了。别再提什么分类学、本体论和心理学了。谁知道人们为什么做他们所做的事？关键是他们就是这么做了，而我们可以史无前例地精准追踪和测度他们的行为。只要有足够的数据，数字就可以说明一切。

有些公司已经开始充分接受数据目的论，即数据越多就越可以给

---

① 克里斯·安德森（Chris Anderson），美国《连线》杂志前主编，长尾理论的发明者、阐述者。著有《长尾理论》《免费：商业的未来》。——编者注

客户带来更好的体验，可以更加精准地理解客户的需求与愿望，也可以给整个社会带来更好的结果。可是，难道真的是这样的吗？

用数以百万计的样本来理解这个世界，与其他探索这个世界的方式截然不同。大数据可以给我们提供一些关于人群的信息，但它能给我们提供的关于个体的信息少之又少。如果硅谷没有意识到，人类的行为总是根植于特定的情境之中的，那么它又能向我们传达多少真实的信息呢？

19世纪的实用主义者威廉·詹姆斯在回应同时代的简化论者时，批判了这种幼稚的数据处理方式。在1890年出版的《心理学原理》[①]一书中，詹姆斯写道："没有人会只拥有一种简单的感受。认知……是多种物品和关系的产物。"一只白色的天鹅在红光下看起来是红色的，所以要想知道天鹅的颜色，我们还必须知道光的特性。换句话说，事实总是存在于情境当中的，如果将事实分割成离散的数据点，就会使它们变得不完整且毫无意义。

无摩擦技术背后的假设

硅谷流行的一个概念是"无摩擦技术"（frictionless technology），它是硅谷衡量创新的标准。如果一项技术在被操作的时候是非常顺畅、直观的，不需要夹杂任何形式的人类思想与情绪，那么这种技术就可以被看作是无摩擦技术。在这种情况下，技术成为真实生活中的

---

① *The Principles of Psychology*（1890），威廉·詹姆斯著。

一部分。但是这样的技术对于人类的思想和努力意味着什么？我们应该把技术在我们生活中的作用看作是理所当然的吗？我们是否应该在我们所使用的技术中加入自己的思考？

在2010年接受《华尔街日报》采访时，谷歌的首席执行官埃里克·施密特表示："大部分人不希望谷歌回答他们的问题……他们希望的是，谷歌能够告诉他们接下来该做什么。"这反映了在互联网文化、西方文化以及更广泛的公众生活领域中发生的一个微妙的变化，这应该引起人们的警惕。当我们用谷歌检索，或者在脸书上发布信息时，这些平台背后变幻莫测的算法塑造了我们所获得的信息，例如我们朋友的消息或世界上正在发生的事情。我们所忽略的是，硅谷正在以更迎合我们的偏好与需求的名义，塑造着我们所获取的信息。

一种反复被提及的观点是，这种"个性化"的信息会导致社会的两极分化。通过向人们提供反映他们观点的内容，并且屏蔽那些持不同见解的人，这种过滤机制使公共领域变得越来越不活跃。互联网活动家伊莱·帕里泽将这种现象称为"过滤气泡"。

无摩擦技术的危险，并不在于它能为我们做什么或不能做什么，而是在于它们正在塑造我们的思维。如果数据可以准确地反映完善的观点与偏好，我们为什么还要寻找新的信息，为什么还要学习不同的东西或者打破现有的局限，推翻已经接受的观点？这就是记者、评论员和政治分析师们所说的"后真理时代"。在硅谷的思维模式中，与积极寻求真理相比，我们更愿意参与那些让我们感到被肯定和被认同的对话、经历当中。

＊　＊　＊

毋庸置疑，硅谷及其文化所带来的创新对社会有巨大的好处。没人会主张完全废除这种前沿技术以及创新精神，因为正是它们造就了硅谷文化，并使硅谷在全球经济中扮演着重要角色。我们在这里要批判的是，硅谷正悄无声息地让我们的精神生活付出代价：历史、政治、哲学和艺术，这些用以描述我们丰富多彩的现实世界的人文学科或传统，正在被硅谷心态背后的假设不断诋毁。

当我们相信技术能够拯救我们，无须再从过去学到知识时，我们就会陷入险境。我们要去找寻最好的答案，而不是拼凑那些被肢解的真相。

意会是修正硅谷所有误导性假设的方式。即使我们现在拥有强大的计算能力，也只能通过细心观察、思考、推敲和努力来解决问题。在接下来的章节中，我将会展示如何做到这一点。

第三章

原则一：要注重文化，而非个体

社会是先于个体而存在的。任何无法过正常社会生活的个体，或因自给自足而不需要社会的个体，要么是野兽，要么是上帝。

——亚里士多德，《政治学》

在了解了硅谷盛行的假设后，你可能会认为，今天的企业和组织在对人类行为的理解上相当有信心：既然我们可以通过机器学习获得大量数据，而"世界上所有需要知道的知识"的模型正在形成，那么，作为人类，我们还需要思考什么？对人类行为的理解不过是我们的囊中之物罢了。

然而事实是，企业和组织还是常常会陷入困局，无法在剧烈的变化中看清向前发展的道路。领导者们已经失去了对这个世界以及他们的企业该如何演进的想象力与直觉。

在通过我的公司 ReD Associates 给其他企业提供咨询服务时，我总会花大量的时间进入这些组织的内部。有一些组织可以说是地球上最麻烦的公司。我所说的"麻烦"，并不是说这些公司正在失去自己的市场份额，或者正处在企业内部权力斗争的困局当中，当然这两种情况多多少少是真实存在的。我说的"麻烦"是指整个企业正处于一种迷失了前进方向的恐慌情绪中。德语中有一个词可以很好地描述这种情绪：scheue，它是指一匹马被黄蜂蜇了时的那一瞬间。"scheue"清晰地描绘了企业处于数据洪流中不知所措的惊慌之情。

当然，不仅仅是一些大公司会经历这种惊恐。想象一下我们每个人对气候变化一类的危机的反应：我们心中充满了焦虑，常常不知道该以怎样的方式应对这些危机。有些人会诉诸科学，希望拼凑出一个有效的行动方案，而大部分人只会像无头苍蝇一样到处乱撞，越来越害怕，夜不能寐。

这时，意会可以让我们摆脱害怕与恐惧，为我们找到前行的路径。我给大家提供的分析工具是源于哲学、人类学、文学、历史和艺术等学科的信息。当我为一个新的企业客户提供服务时，我首先要做的就是了解它所处的世界。

我说的"世界"，当然指的是我的客户和其竞争对手的世界。但是首先，也是最重要的，我要理解企业本身。在这个企业中，所谓真实是如何构建的？被广泛接受的理念是什么？人们为什么要做事情？这个世界是否会奖励那些挑战传统的人？各个部门之间的工作是如何衔接的？所有上述问题，还有更多的其他问题，构成了企业这个世界。

如果你是一位会计、品牌经理或公司的律师，当你走进企业总部大门时，很可能会发现一切看起来都是井然有序的。这很正常。但是如果你对"世界"感兴趣，那么根据人文学科的分析方法，你往往会发现，在这样的文化中发生的事往往是荒谬的。我常常发现，企业投资某些东西，只是因为他们一直在投资这些东西。一些企业还会砍掉对企业的精神与灵魂来说至关重要的东西，只是因为数据呈现出的结果显示精减企业流程是必要的。但是，这样的决策对于真正用心观察企业真实情况的人来说是荒谬的。实际上，这样的决策往往是在一种高度不确定的环境下做出的，可能会毁掉企业的未来。

人们对世界全局的整体性把握，与对报表中一行行数据的分裂理解之间存在着重要的区别。人文学科可以使我们具有更加完整的视野：在这个公司工作感觉怎样？这个公司的产品使用起来怎样？哲学能够指引我们理解这些不同的现实是如何构建的。就如同我们在第一章中所讨论的，这一区别在哲学论辩中已经被争辩了两千年。作为人类到底意味着什么："我们"代表了怎样的意义？如果你遵循的是笛卡儿的哲学思想，即"我思故我在"，那么你对现实的假设就是通过一个理性、分析性的思维过程构建的。我们之所以是人，是因为我们思考。

但是，20世纪时，欧洲大陆的哲学家就已经脱离了这种对现实世界的分析式理解。现象学派的思想家们对于在情境中理解人类更感兴趣：我们之所以是人，是因为我们在不同的社会情境中存在的方式。现象学派认为，正是我们理解、关心共同世界的能力使我们成为人，而不是像笛卡儿所说的，是因为我们能坐在那里，像透过窗子看世界那样"思考"人生。

在意会的过程中，我们并不试图找出人们对事物的"看法"。因为观点和看法在很大程度上是无关紧要的，而人文学科方面的积淀可以使我们走得更远。我们对揭示掌控现实世界的架构更感兴趣。作为传统现象学的先驱，马丁·海德格尔提出，经历与世界不可分割，人与世界更不可分割，这种关联就如同大脑与身体、人与环境一样紧密。现象学家们并不旨在摒弃用科学的方法来理解物理或科学，他们只是想要说明，用这些方法并不足以理解人类。

海德格尔提出，我们都需要去研究的主要课题是"理解存在的基础是什么"：是什么使这个世界成为一个整体？人类行为背后的假设是什么？

我们又不是哲学系的学者，笛卡儿哲学和现象学哲学之间的分歧为什么重要？了解他们之间的不同，对于我们的日常生活会有什么影响？你们中的大部分人可能已经同意我们都是生活在一个社会环境或社会语境之中。我来告诉你这其中的区别：我们对人类的错误理解已经对我们生活的方方面面产生了广泛的影响。当我们对人类的理解是错误的时，我们所做的一切都是错的。当我走进一家正处于危机之中的企业时，不同的人会告诉我他们不同的思考。然后他们会将备忘录和其他写有他们想法的文件交给我，还会拿出大量的客户数据及其竞争对手的定量数据，这些数据往往有几千兆字节。这些就是关于"思考"的大量数据，也就是按照笛卡儿对人类的理解所做出的分析，但是，在没有弄懂他们所处的世界之前，所有这些分析从根本上说都是无意义的：所有事物背后共同存在的是什么？是什么将一切关联在一起？人们所做与所说的事情是基于什么？我们只有对上述问题进行探索，才能找到一条有意义的前进道路。

这正是福特汽车公司在深入了解驾驶员的世界时所发现的信息。

林肯车的芬芳

在福特园区中的一座大楼里，有一条不起眼的走廊，走廊的尽头是一段通往地下室的楼梯。沿着楼梯走下来，呈现在你面前的是一个真正的汽车坟墓。在这里，福特的工程师们拆卸、肢解竞争对手所生产的汽车。这些汽车的外壳排成一排，被拆卸下来的零件堆在旁边，经过撞击测试后报废的车胎和合金车轮散布在各处，沿着墙边矗立着一个个大桶，上面贴着"油布"和"废弃零件"的标签。

就在这个尘土飞扬的嘈杂楼层，有一道笨重的钢门出现在眼前。打开这道大门，会有一道美丽而温暖的白光洒进这座汽车坟墓。就是在这间隐藏在地下室一隅的整洁的白色房间中，福特公司创造了如同戏剧脚本般的神话，就是在这里，福特公司探索了它的豪华汽车品牌

"林肯汽车"到2030年的未来。林肯汽车的标志性气味，也就是所有林肯经销商展厅都有的柑橘香味，就是从这扇门飘出，并传入整个公司的每个角落。这是奢侈的味道，福特公司想要制造更多的这样的气味。

如果你不是生活在底特律，那么你以为林肯这个豪华车品牌在多年前已经消失了是再正常不过的。今天，在汽车界，这个品牌已经不再被经常提起。在2015年，林肯的销售收入已经达到过去6年的顶峰，该年度共销售101 000辆林肯汽车。但是，林肯的销售业绩仍远远落后于它的劲敌凯迪拉克，更是被宝马、奔驰和奥迪这些德国竞争对手远远地甩在身后，这些品牌在进行竞争市场分析的时候甚至不屑于提到林肯。

与20世纪中叶相比，林肯这个品牌已经衰败了很多。这个品牌的出现，源于1938年福特汽车公司首席执行官埃兹尔·福特的欧洲之行。埃兹尔旅行后回到底特律，对汽车产业的未来发展有了新的愿景，他想要打造一款"严格意义上的大陆汽车"。著名的汽车设计师E.T. 鲍勃·格里高利被委以重任，20世纪40年代，新款的林肯大陆上市，出现在美国最著名的富豪家里。在接下来的20年里，从猫王到伊丽莎白·泰勒，再到法兰克·辛纳屈，每个人都拥有一台林肯汽车。但是直到1961年，林肯大陆才真正确立自己的地位，这款新车型也是其设计师埃尔伍德·恩格尔传奇职业生涯的顶峰。当约翰·肯尼迪总统坐在自己的黑色林肯车巡游达拉斯被枪杀时，林肯车在美国人心中留下了不可磨灭的印记。

然而，到了20世纪七八十年代，福特公司对豪华车市场失去了感觉。原本造型优美的设计让位于媚俗，发动机也只是福特公司的标配版，已完全失去了奢华的味道。在美国本土市场，林肯不断被新对手奔驰、宝马，还有它的老对手凯迪拉克攻城略地。到了20世纪90年代，林肯的客户甚至被福特公司的其他产品抢走。如今福特福星和重新设计的福特金牛座为消费者提供了各有特色的豪华车，正在蚕食林肯车已经不断缩小的市场份额。曾经的传奇品牌现如今只在豪华车市场中占有5.5%的份额，而它的客户群的平均年龄是65岁。林肯已经成为鸡肋，福特公司的管理层甚至考虑过彻底放弃这个品牌。怎样才能让它起死回生呢？

要想彻底解决这个问题，我们首先还是要回到意会的最基本原则：理解这个世界。像马丁·海德格尔提出的那样，我们要先从探究"理解存在的基础是什么"开始，也就是说我们需要了解豪华车和其驾驶者的世界，同时也要了解福特本身的文化——福特的企业文化是怎样看待驾驶体验的？他们对驾驶体验的看法与真实世界的客户感受是否相同？

首先，福特是一家一直追求工程卓越的企业，他们总以生产优秀的汽车和超越驾驶者的期望而自豪。他们希望人们能喜爱他们生产的汽车，并努力兑现对客户的承诺。但是，他们工作的方式是以工程和技术创新为驱动的。他们所做的一切都与汽车工程师的世界相关，但与驾驶者的世界没有太大关系。福特公司的创始人亨利·福特曾说过这样的名言："要是我问人们想要什么，他们会说想要跑得更快的马。"这样的话语恰恰阐明了福特文化中最核心的理念：技术特色和选择使驾驶具有意义。这样的理念带来的结果，是福特公司的工程师们都在努力改良他们所生产的特定零部件。以导航系统为例，他们对导航系统的改良是从自己的视角出发的，即在密歇根州生活的中产阶级白人男性看来导航系统应该做的改进。汽车上的所有零部件都是通过这样的流程最终组装成一辆汽车。同时，福特的工程师们会努力使每辆汽车看起来具有整体性和吸引力。

像其他大型全球性企业一样，福特公司自然对林肯汽车的市场份额和目标客户群体有过一定的调研。但是如果他们想复兴林肯这一豪车品牌，就需要接触与现有客户不同的特定消费群体：受过良好教育、具有全球视野和创新精神的年青一代驾驶者。他们与二三十年前中国和印度的新兴中产阶级不同，这些年轻的驾驶者是坚实的上层中产阶级，他们在充足的物质条件下长大，对高调奢华的炫耀性消费非常谨慎。对他们来说，奢侈品这个词意味着与其他产品完全不同的东西。福特对 30 年后大部分购买豪华车的消费者的理解，取决于他们对客户所要的"不同的东西"的战略性把握。

公司在调研时也准确捕捉到了这一人群的薄数据，即他们的"想法"是什么，以及很多关于驾驶者的统计数据。但是，福特公司对于这些客户的世界知之甚少，也就是说他们并不了解这些客户是如何建构自己的现实世界的。而意会可以将这些缺失的部分补充完整。

我们与福特公司合作开展了一个大规模的人类学研究项目，来探究这个特定群体的驾驶体验。项目首先研究了生活在美国、中国城市里的人群。尽管研究表明，豪华车市场也在向印度和俄罗斯转移，但是最初，福特公司的领导层否决了在那里开展研究的提议，这也验证了每个大公司都存在着选择冲突。对这些新兴市场进行调研能帮助企业制定有效的长期战略目标，毕竟每个汽车制造商都会希望在 30 年后自己能在印度市场中占有一定份额，但是短期内的时间与资源的压力增加了大公司在那里开展调研的难度。

在研究所需要的一切都准备就绪后，我们的研究人员开始了对来自美国、中国、印度和俄罗斯的 60 个研究对象的调研。他们构建了一个"汽车生态系统"的概念，来描述存在于驾驶者周围的复杂的社会结构网络。他们花时间与驾驶者的妻子或丈夫、姐妹、兄弟、邻居及朋友交流。在大约半年的时间里，研究人员为每个研究对象各构建了一张丰富的大网来理解每一个人。当研究人员将实地调研的记录、图片、访谈、日志及其他形式的定性数据整理在一起时，一个让人震惊的模式清晰地呈现在人们眼前：一款车的未来与实际的驾驶体验并没有太大的关系。研究人员指出：在 95% 的时间里，汽车都没有被使用，只是被停在车库或街头。而剩下的 5% 的实际驾驶时间，大部分也耗费在交通堵塞中。颇为讽刺的是，福特公司对驾驶技术方面的关注让客户不满，因为驾驶只是他们汽车体验中很小的一部分——实际上，福特公司所追求的客户群体一直被堵在路上。

如果这些目标客户与汽车的关系不再只是驾驶，而"奢侈"对于他们来说也不再只是一个品牌，那汽车对于他们的意义到底何在？他们在车里车外到底是在寻求什么呢？意会揭示世界结构的能力，能帮助我们理解这种新型的"汽车体验"。

一位住在莫斯科的 37 岁的调研对象描绘了他在独自驾驶时所感受到的那种无忧无虑的自由。他喜欢在一个人驾驶时，一边大声播放俄罗斯嘻哈音乐，一边用手有节奏地敲击方向盘。除了在车里，他绝对不会在任何其他场合做这样的事情。许多其他调研对象也都提到了与他相似的个人经历，说明在他们看来"奢侈"是一种在绝对私人的空间中进行自我表达的体验。一位来自孟买的 38 岁的女士对研究人员说，她非常珍视和家人及亲密的朋友在车里度过的时光："当我们驱车前往果阿邦的时候，我们十分享受在黑暗中开车前行的时光。大家一同坐在车中感受车外微弱的灯光是一种十分美妙的感觉。"她的这种感受表达了"奢侈"是一种人们在一个设计精美的空间中，感受情感、热情和对生命有意义的关系的体验。对于这个群体的其他人，例如对一位来自孟买的 31 岁珠宝商来说，"奢侈"是拥有一个移动的办公室，在这个办公室中，雄心勃勃的老板们可以招待往来于城市间的客户。他对研究人员说："给客户无微不至的关注使我们生意兴隆。"

总之，意会向我们揭示了这些目标客户在豪华车中所寻求的独特经历：更私密的自我表达领地，更有格调的情感交流空间，或更具实用性的舒适环境。这些对不同世界的详尽理解给林肯汽车树立了一个更高水平的新目标，那就是给驾驶者带来一种与皮革的纹理或车灯的光学效果没有任何关系的整体体验。福特公司意识到，目标客户对奢侈的理解是驱动设计和汽车工程的动力，这彻底转变了福特公司的汽车设计方式。

一旦福特公司开始关注这些理解，他们就不可能再孤立地只考虑汽车上的单个设备。无论是车窗按钮、方向盘还是防制动刹车，汽车上的每一个零件都在相互关联的世界中发挥作用，我们可以称之为"意义链"。我们甚至可以将这一理念延伸，将所有的工具、器具，也就是我们周围的事物，视为构成了"为了……"的系统。我们只有在用锤子盖房子、打造一个家时，锤子才是一个锤子。我喝可乐是为了保持清醒，为了更有效率，为了更成功，为了给予我所爱的人更多、更好的东西。

让我们来看看参与研究的一位中国男士的例子：他家里有一台浓缩咖啡机。这在意大利或美国不算什么，但是在有着悠久且浓厚的茶文化的中国，喝咖啡并不那么普通。这家人会去苏门答腊岛那样的地方旅行，去寻找罕见的咖啡豆并带回国与大家分享。这种追求成为他们在一起相聚的原则。在"意义链"中，他们寻求少见的咖啡豆，是为了成为思想开放、充满好奇的人，是为了成为最好的自己，为了感受到满满的活力。

要想真正理解福特公司对豪华车设计流程所做的彻底改变，我们不妨了解一下其他豪华车目前对驾驶者做出的承诺。奔驰或奥迪的整体设计所表达的是，驾驶者将获得让人肾上腺素上升的飞一般的驾驶体验，这些汽车有着像要猛扑出来的猫一般充满肌肉动感的后部设计和超大的前部仪表盘。这些都反映了豪华车市场中普遍存在的假设：豪华车驾驶者们追求的是速度与激情。

和福特公司一样，这些汽车制造商也在努力研发无人驾驶汽车。福特的大部分竞争对手都假设在未来的无人驾驶汽车中，人们可以完成更多的工作。也就是说，如果豪华车的车主不需要亲自驾驶汽车的话，那他一定是在工作。无人驾驶汽车的效果图往往呈现出这样的画面：三四个人坐在可以旋转的白色座椅上，车上装有通用的按钮和屏幕，上面有明显的"社交媒体""蓝牙"等标识。这种对"工作"的展望真的让人感觉很滑稽，因为这样的概念毫无新意，而且完全忽略了环境的存在。他们只是把办公室的世界完全搬到汽车中。

而另外一些豪华车品牌所展示的理念，都是关于外界环境可以带来的不寻常的经历，例如人们以每小时 150 英里[①]的速度行驶在高速公路上时的感觉。而对于在车里的"工作"，这些品牌只是给出了抽象的隐喻。福特公司则优先考虑真实的人以及他们在车中驾驶时的体

① 1 英里 ≈1.61 千米。——编者注

验，然后再考虑创新和汽车工程。

当然，在重大的战略转型过程中，只谈意会而忽略领导者的重要作用是毫无意义的。意会表明如果福特公司想要重新定义林肯这个品牌，他们需要彻底重组整个公司架构，这就意味着要改变这个有数千名员工、根植于美国文化中的企业的整个发展道路。这需要具有远见和勇气的领导者，马克·菲尔兹将承担这一重任，他已经开始探索如何更好地将福特公司带入未来的无人驾驶汽车世界。菲尔兹感觉福特公司现有的产业结构已经过时，如果让技术与汽车工程来引领企业创新，那么整个公司将会和现实世界里的客户脱节。

菲尔兹运用意会所获得的洞察力来驱动整个企业的运作与流程再造。员工不再认为他们是在"为改进技术而工作"，他们的工作关注点转为"技术如何为人和人的体验服务"。而美国客户和底特律文化已经不再是福特公司唯一关注的视角。菲尔兹用从各种研究中所获得的洞察力将整个公司的眼界全球化，放弃诸如"客户""用户"等抽象的单位，转而与经销商、驾驶者和乘客进行对话。

在接下来的几年里，福特汽车公司一直在围绕着人的体验和他们的世界来进行创新。因此，这个企业曾经存在的全部意义——"汽车"——已经成为整个相互关联的世界中的一个物品。福特公司正从一个汽车制造商转型为一个混合动力技术与运输服务公司。而马克·菲尔兹正是这个带领着整个公司走出底特律，进入美丽新世界的掌舵人。

*　*　*

无论我们是怎么想的，我们都不是单独的个体，而且我们所说的往往对我们的实际行为没什么影响。我们所有人都处于环境当中。因此，要想理解人类的行为，我们就必须理解环境，这也是关于整体观与原子观的论辩。汽车只是一个物品，在我们获知连接驾驶者与其社交世界的"意义链"之前，我们无法对其做出任何解读。

我们对世界了解得越多，即社会环境是如何影响我们的，我们就越能够意识到掌握解读技能的意义。在这章的后半部分，我将讨论如何精通这项技能。

在这之前，我要先简单给大家讲一个名叫妮可·波兰提尔的女士的故事，它完美地说明了我们是如何通过共享的环境来掌握技能并获得生命的意义的。我把这个故事比作世界存在的情感证明，是与越来越原子化、定量化、削弱知识深度的主流文化对抗的堡垒。颇为讽刺的是，尽管这个故事证明了人文学科的力量，这一题材却来源于脑科学年鉴。

如何做玉米粉蒸肉

那是 2012 年冬天，妮可·波兰提尔正要去塔吉特超市 ① 购物。对于其他人来说，去超市是一件再平常不过的事了。但对于波兰提尔来说，这却是一件大事。因为两个月前，她从水泥楼梯上摔了下来，脑部受创。这是她从 2011 年 11 月 4 日发生事故以来，第一次尝试探索自己公寓和诊所以外的世界。

---

① 美国塔吉特公司（Target）是美国仅次于沃尔玛的第二大零售百货集团。——编者注

硬脑膜下出血、蛛网膜下出血、颅骨骨折、颞骨与颅底骨折——波兰提尔的神经科医生用这些词语来描述她目前的情况。她的工作记忆（working memory），也就是她对新的和已储存信息的保存和处理受到了损坏。"人的工作记忆就像是等候室，"波兰提尔告诉我，"所有的信息都会进入这里，大脑来决定哪些是重要的，哪些是不重要的，同时瞬间决定哪些应该被抛弃。如果有些是重要的，大脑还会决定，在 5 分钟后或 5 年后，这些信息是否仍然重要。"

在大脑受损前，波兰提尔是一个颇有成就的诗人，所以这个"等候室"，也就是她的工作记忆，对她的工作很重要。她说："在小时候，当我的大脑为今后的诗歌创作存储记忆时，我可以看到发着微光的事物进入我脑中小小的等候室，并发出'叮叮叮'的声音。它们被存储在大脑的诗歌创作记忆库中，这与存储在'车牌照'记忆库中的感觉是不同的。"

但是波兰提尔的大脑受损使她几乎不可能再创作诗歌。事实上，她连做最平常的事都很困难，包括去塔吉特超市。她说："我一走进店里，就开始哭。那是一种感官超载的感觉——一切都让我感到困惑。就像小孩子感到异常兴奋，而兴奋和疲惫一下子化成泪水夺眶而出。我唯一能做的就是站在过道里哭。"

之前几个月里，波兰提尔只有在看医生的时候才会出门，她要去看神经科医生、精神科医生和其他的脑科专家。她不仅无法创作诗歌，甚至记不得自己最喜欢的诗歌和歌词。她说："我能记起歌词中的一个词，但是其他的部分就是一片空白。而那些歌词是我多年来吟唱过无数遍的。这种感觉和'哦，就在嘴边却说不出来'不同，一切都被清除了。我总是想起萨特的《禁闭》（*No Exit*）——人陷入虚无之中。虚无在蔓延。那是绝对令人恐怖的感觉。"

波兰提尔要面对的一个问题就是：她该如何感知她的世界。

* * *

从硅谷的视角来看，波兰提尔的问题是可以通过自然科学找到答案的。他们认为大脑的运行方式可以被称为"脑部的计算理论"，或者说大脑是像计算机一样按照 0 和 1 的数字方式运行的。谷歌公司的技术总监雷·库兹韦尔是这一观点的主要倡导者，在他 2012 年出版的《如何创建思维》一书中，将我们的精神与思维描述为大脑这个伟大计算机的机械构成部分。他的主旨是思维模式识别理论（pattern recognition theory of mind），简称 PRTM，该理论把我们的大脑新皮层描述成一种基本的算法函数。库兹韦尔认为，我们已经在运用工程学的方法来解析和增强大脑中负责认知、记忆和批判性思维的部分。

用硅谷的视角来看，波兰提尔所面临的问题不是一个对存在进行思考的问题，更像是个关于加工和诊断能力的问题。库兹韦尔这样的科学家应该会将她的大脑分解，并对分解的部分进行分析。当她失去对歌词的记忆，并将这种感觉描绘为"虚无"时，库兹韦尔会安慰她，并承诺将这些歌词"上传"到她的大脑中，就像我们通过 USB（通用串行总线）端口上传资料一样。

然而，波兰提尔真正的痊愈与库兹韦尔所描述的算法思维完全不同。在她摔倒的好几个月后，她开始外出办事或拜访朋友。她还在一家博物馆里做兼职。终于，波兰提尔又有了创作诗歌的渴望，但是她却不知道怎么写。

然而，就在去年冬天的一个凉爽的日子里，她一醒来就想吃玉米粉蒸肉①。对她来说，能感受到对食物的渴望是很反常的，因为长期服药加上病痛的困扰让她经常感到恶心。但是那天清冽的阳光和略带寒意的空气触动了她的感官——今天应该是吃玉米粉蒸肉的日子。

尽管并没有完全搞懂自己到底想要做什么，波兰提尔还是走进了她的小厨房，并开始往长柄煎锅里撒佐料。她说，她完全是出于一种强烈的、不为人知的本能来做这些动作的。她抓了一支铅笔，在一张小纸片上写了一些东西。

"那是所有这些事情共同作用的结果：那天的感觉、煎锅、橄榄油和辣椒的清香。我能感觉这些在我大脑的等候室中是以不同的方式存储的。我想，'哦，我一定要把它们收藏起来'。而就在那一刻，当我把铅笔别在围裙上时，我突然意识到——我在写诗。"

很多年来，波兰提尔一直在圣诞节时做玉米粉蒸肉，而那一天给她的感觉很像圣诞节：也是早冬，屋外清冷，太阳低低的。正是在这样一个独特的情境中，她突然记起做玉米粉蒸肉的方法。这份记忆，与菜肴的烹饪方法或一次理想的餐饭没有任何关系。与之相关的是她在小厨房里走来走去，触摸、感受捣碎的玉米配上佐料和橄榄油的质感，以及一个滚烫的长柄煎锅的特殊纹理。在等待玉米粉蒸肉慢慢冷却下来期间，波兰提尔又拿起那张小纸片，在上面完成了她的新诗，这也是她大脑受损三年来创作的第一首诗。她将其命名为《在神经重

---

① 玉米粉蒸肉（tamales），一种墨西哥美食。——编者注

构的城市中建立通道》。

> ……我忘却了如何记忆
>
> 那些相似但用法不同的词汇
>
> 就像从房屋到阴影
>
> 都有了不同的意义
>
> 但现在一切又都回到了我的脑海中

　　一个技能娴熟的诗人从零开始创作，到底意味着什么？若是按照硅谷的方式来解读波兰提尔的历程，应该是这样的：我今天要写一首诗。我是不是应该写一首关于窗外的树的诗呢？我要拿出笔，坐在桌前，然后一个字一个字地写下来。什么是六节诗？什么是换行符？是的，就是这样，最后一首关于树的诗跃然纸上。

　　但事实上，波兰提尔的技能回归完全不是那样的。当波兰提尔重新获得烹饪和诗歌的知识时，这些技能并不是通过渐进的步骤和分散的任务恢复的。尽管大脑的计算理论试图使我们信服，但是波兰提尔的大脑却没有一次只处理一个录入或只做一次计算。在那个冬日，所有的烹饪和写作的技能伴随着种种细致的感受、食物的质感和微妙的差别一起回到了她脑海里。她的大脑本身就是一个由不同世界组成的网络，其中充斥着相互交织的意义和各种技能。雷·库兹韦尔希望我们用纯粹的生物学的方式来分析大脑中存在的精神、意识和对艺术的热爱。但是自然科学永远都无法解释妮可·波兰提尔是如何通过做玉米粉蒸肉重新找回自己的诗歌创作技能的。

文化参与和技能的不同掌握阶段

我们中大部分的人可能永远不会遭受脑部创伤，所以很难想象类似诗歌创作的才华会失去然后又恢复的感觉。我们中也几乎不会有人有如此独特的机会去理解我们的认知能力，以及认知能力可能面对的挑战。而波兰提尔就是以上述方式在大脑痊愈的过程中经历了非同寻常的历程。

但是，妮可·波兰提尔的故事应该以一种独特的方式引起我们的共鸣。与主导硅谷文化的大脑计算理论不同，她的案例向我们展示了我们在世界中是如何学习、思考和生活的。若是没有烹饪世界中像原料、餐盘、客人等其他重要的因素，手持餐刀就是毫无意义的。若不是波兰提尔对试图描述的世界仍存留着肌肉的记忆，再次找回诗歌创作的技能就是不可能的。当她左手去拿橄榄油，右手随手抓起一张废纸的时候，她埋藏在内心深处的、在社会环境中的行为被再次唤醒。

著名的海德格尔的解读者、加州大学伯克利分校的哲学教授休伯特·德莱弗斯，在他的著作 *Mind Over Machine* 中提出了技能现象论，直接反驳了大脑计算理论。他的解读对我们理解波兰提尔的康复及其意义有新的启发。在德莱弗斯看来，学习和获取技能是无法根据固有的公式分解并进行理性计算的。学习一种新的技能时，人们一般要经历几个对技能掌握的不同阶段。早期阶段的主要表现是我们对习得的计算规则和理性计算的应用，后期阶段则是我们潜意识中经过精细打磨的直觉在发挥作用。这种直觉会将没有预期的不同模式进行比较，最终将改写那些曾经被认为是神圣不可侵犯的原则。

德莱弗斯和他的兄弟共同提出的这一观点，为我们理解专家们是如何通过参与文化和社会环境来获得技能提供了一个框架。正如波兰提尔只有再次进入诗歌的世界才能够创作诗歌一样，我在本书后面章节介绍的大师们，也是在完全沉浸于他们努力奋斗的世界中时，才能取得成就。这就是人类智慧运作的方式，也是人类发展带来的奇迹。德莱弗斯将对人们技能的掌握分解成不同的阶段，下面是我对五个阶段的简要概括。

第一阶段：新手。 在获取技能的第一阶段，新手们往往通过学习不受情境限制的原则来指引行为。德莱弗斯将这种根据预先学会的原则进行掌控的行为称为"信息加工"。举个例子，新手司机会在汽车达到一定速度时换挡，不管当时是在上坡，还是在引擎高速运转的情况下。因为他知道，车达到那个速度时，他就应该换挡。再举一个例子，一个商学院刚毕业的学生在进行市场分析时，一定会将市场份额、样本调研结果和生产成本输入成本—收益模型进行计算。

第二阶段：高级初学者。 到了第二阶段，学习者就能够根据先前的经历找到某种模式。这些模式是"受情境限制的"（与第一阶段的"不受情境限制"相对应）。比如说，狗的主人能识别出自己的狗的独特叫声，象棋棋手能意识到自己的局势有风险……一位新手品酒师会掌握一些不受情境限制的要素，比如酿造红酒的酒庄、葡萄的产地，并把这些输入事先学会的公式中，来判断一瓶酒是不是"好"的。但是这些原则只能使他停留在现有的水平，他的其他判断还是要依赖于他是否接触过产于那个年份、那个地区的红酒。第一阶段和第二阶段最关键的差异是高级初学者可以运用先前的经验，而不是单纯地遵循学过的、不受情境制约的公式。

第三阶段：胜任。 在第三阶段，不受情境制约和与情境相关的因素非常多，这就需要学习者掌握一种多层级的流程进行决策，并能选出哪些要素是与情境最相关的。例如，一位称职的销售主管会首先确定是否所有销售团队的所有销售目标都被完成了。如果没有完成，她就会和每个销售团队逐一面谈，并询问他们无法达成目标的原因。如果4个团队中有3个团队都提到产品线上的产品过多，她就会和老板谈话，看看应该如何筛选产品。她只需要关注众多因素中几个最终会影响整个项目的因素。例如，她无须分析出是否存在让团队无法达成目标的其他理由。这种行为才是理性解决问题的过程，在这个过程中她既运用了先前的经验，同时也用到了计算规则。

第四阶段：娴熟。一个娴熟的学习者，其行为特征是快速、流畅地"参与"，而不是对原则的理性应用。而且，这一阶段的另一个特征，是学习者对从过去经验积累中产生的模式的认识。娴熟的学习者可以从总体上审视情境，而不是根据某些原则将情境分解成可以理解和操控的要素。在威廉·吉布森2003年出版的小说《模式识别》中，主角凯西·波拉德对于企业的标识有着一种直接、本能、生理上的负面反应。她无法解释究竟是标识中的哪个组成部分应该被去掉，因为是整体的感觉激起了她本能的反应并引起后续行为。

第五阶段：专业知识。当某人掌握了一种专业知识，他们参与实践的程度会变得极为复杂，以至在这个过程中很少有理性的思考——"专家的技能已经成为他们自身的一部分，和他的身体融为一体"。当技能达到这样的水准，决策可以是非理性的，也就是说，对情境的评估与判定已经不需要有意识的分解和重组。在2016年出版的小说《地下铁道》中，大师级小说家科尔森·怀特黑德描述了模式的识别过程。他问自己："如果地下铁道是一条真正的铁道会怎样？"

他以这个问题作为全书开篇的畅想，并凭借自己大师级的直觉，将童年的记忆编织成一篇畅销的寓言故事。他在接受《纽约时报》的采访时说："我最初沉浸于奇幻题材，可能是因为电视剧《阴阳魔界》的重播。奴隶女孩科拉最初就是从地下铁路中走出来，并看到了摩天大楼。那就是最能体现阴阳魔界的一刻，你只要迈错一步，就会发现自己进入了另外一个世界。"

当技艺高超的人全神贯注于自己的专长时，其效果是惊人的，他们有揭示他们所处世界的能力，并有开辟全新世界的可能。以比尔·布拉德利为例，他曾是尼克斯队的球员，后来成为罗德学者、总统候选人。在他在打球的年代，越肩向后投篮还没有专门的名称。1965年，约翰·麦克菲在《纽约客》杂志上一篇关于比尔·布拉德利的人物专访中写道："他连看都不看就将球从头顶投入篮筐。他说，他根本没有看的必要，因为'你能感到你在哪里'。"适当的行为方式不是由单独的某个行为决定的，而是直接从情境中产生的。不是大脑，而是你的身体完全吸纳和消化了你的经历。

下面是对朱迪·嘉兰1961年在卡内基音乐厅演出的描述，那是美国演出史上最伟大的表演之一。乌比·戈德堡2011年在接受《名利场》杂志采访时说："当她唱到结尾时，你能感觉她在燃烧，那是我一直想成为的演员。在演出的尾声，她十分优雅，她的声音听起来像是被风吹动的颤抖的树枝，有一点点跑调，就一点点。但是没有关系，因为她在燃烧。"见证这种技能水平的人往往将其描述为一种近乎神秘的体验，他们有一种感觉，仿佛这样的精彩表现不是大师做到的，而是通过他们自己做到的。

前面的例子主要是凸显了大师们对音乐表演、体育比赛这类表演式技能的掌控，还有一些类似但是并非如此戏剧化的现象，会出现在具有其他技能的人身上：学前班的老师给小朋友们发布指令，医生们整合各种数据后最终确定病情，还有私人助理安排老板忙碌的日程。在上面所有的例子中，对技能的掌握都是以直觉为特征的，他们会参与世界中去。

想象一下爵士乐音乐家们第一次聚到一起在俱乐部中演出的情形。年轻的乐手可能会像在自己的练习室里一样进行演奏。他们是孤立的，只演奏和自己相关，并且自认为是完美的音乐，他们被各种演奏规则所束缚。有经验的音乐家，也就是大师们知道，他们必须抛弃所有的理论和假设。他们来演出时，带来的是他们几千个小时的练习，他们在推开俱乐部大门的那一刻就已经进入状态了。他们感受室内的温度；他们互相倾听，看看谁演奏得太用力，谁又演奏得太小心翼翼；他们倾听街道上警笛声，并把这些"哔哔"的声音融入自己的乐曲中。正如爵士乐大师迈尔斯·戴维斯所说："不要再重复那些陈词滥调，来演奏些新鲜的。"

意会可以带领着我们去探寻那些"新鲜的"事物，去寻找那些规则之间的空间。我们若想真正获得深邃的洞察力，就必须深入探究我们所处的环境，让自己完全沉浸在某个世界当中。为了达到这一目标，首先，我们需要深入了解我们与各种数据之间的关系，既包括厚数据也包括薄数据。我们是怎样知道我们"知道"的事的呢？什么样的知识可以让我们有信心在市场商机中下大赌注呢？

第四章

原则二：要掌握厚数据，
而不仅是薄数据

相对于数理经济学、计量经济学或二者兼而有之的"新经济史",本书的内容被贬称为"文字经济学"。人,惯于做其力所能及的事,而且会用一种优雅——倒不如说是"炫耀"的技巧来做事。我和其他在20世纪30年代的人一样,没有受过正规的教育。我的一位同事想为我提供一套数学模型来包装这本书,这或许对一些读者有用,于我却不是。有人告诉我,应对重物坠落事件的灾难数学是这一学科的新分支,其严谨性和实用性还有待验证。我最好先等等。

——查尔斯·P.金德尔伯格,《疯狂、惊恐和崩溃:金融危机史》

三个外汇交易商的故事

1992年9月初的一天，三个外汇交易商围坐在位于纽约第七大道的昏暗的对冲基金公司办公室内。屋子中间摆放了一张简陋的会议桌，地毯上粘着宽胶带。这个普通的场景似乎无法和那个时代最具里程碑式的、收获最多的大赌局联系到一起。

三个人沉浸在对各种数据的分析和讨论中。只是，他们的数据宝库不是由电子表格、基准值或数据模型组成的，他们是在挖掘一小份厚数据，要想理解这些数据，人们必须要理解自治国家受挫的自尊和抱负。他们尤为关注德国中央银行行长赫尔穆特·施莱辛格与英国财政大臣诺曼·拉蒙特之间的对抗的细微之处。

在1992年年初签署《马斯特里赫特条约》之后，欧洲最有权势的央行行长们都在为创建一种单一的欧洲货币——欧元——而努力。但是在实现这一目标之前，他们必须扫清所有政治、经济和文化上的阻碍。大部分阻碍都与德国央行休戚相关。经济学家普遍认为，是德国在一战后的恶性通货膨胀导致了纳粹政权的上台。二战以后，纳粹时期的阴影尚存，德国央行的主要目标就是把通货膨胀率控制在较低水平，以避免再发生一场不稳定的政治运动。

然而，签署《马斯特里赫特条约》之后，德国央行还面临着另一个潜在的冲突：德国原本的货币马克成为欧洲其他国家新外汇汇率体系的锚货币。1990年，民主德国和联邦德国的统一带来了通货膨胀的

压力。于是，德国央行再一次提高了利率，在此之前他们已经多次上
调利率。但是，德国的高利率加上英国、意大利等国家的经济衰退和
低利率，使得欧洲地区的流动资金都投向了德国马克。德国央行奉行
的货币政策导致的后果之一，是所有贬值的货币都只能在汇率机制允
许的最低价位交易，尤其是英镑和意大利里拉。于是，陡然间，德国
央行的历史首要任务——制定最符合德国人民利益的货币政策——与
一个统一的欧洲市场的总体愿景产生了冲突。那么交易商的赌注该投
向哪一边？德国央行会保持其反通货膨胀的政策吗？还是会和欧洲其
他国家保持一致，使统一欧盟各国货币的梦想成真？

那年夏末秋初，各国官员们在会议上争论不休。有一次，英国财
政大臣诺曼·拉蒙特用拳头捶着会议桌，要求德国央行采取措施。这
一明显的无礼之举激怒了德国央行行长赫尔穆特·施莱辛格。于是，
德国开始流露出几乎不加掩饰的蔑视态度。施莱辛格在一次公共论坛
上宣布，他不想在利率方面采取任何行动。此后，他又对公众说，他
对在欧洲各国央行之间实现固定汇率的想法没有信心。

与此同时，在纽约，我们的三位外汇交易商也在密切关注这件
事的发展。拉蒙特把施莱辛格逼得太紧了吗？后者的政治野心是在欧
洲，还是在德国央行或德国自主权上？英国的经济由大量短期房贷支
撑，英国政府有多少勇气在这种情况下提高利率？纽约对冲基金的负
责人，也是我们故事中三位交易商中的一位，出席了施莱辛格在德国
举办的一个会议。会后，他立刻找到了这位德国央行行长以获得更多
的信息。他问施莱辛格：总体而言，他是否赞成构建一个欧洲统一的
货币。德国央行的行长，这位一生致力于在央行体系内向上爬的官员
回答说：他的确喜欢这一想法，但是他只对一种货币感兴趣，那就是

德国马克。

抛开宏观经济细节不谈，上述冲突的要点仿佛来自一所文科大学的阅读清单：自我、政治阴谋、忠诚、受挫的自豪感和野心。所有这些人物特征你都可以在莎士比亚的戏剧或修昔底德的历史著作中找到。

一位交易商站起来，在黑板上画出了这一情况的概率树。考虑到相关人物及其背景，很明显，德国央行会选择实施反通货膨胀政策，而不是去拯救其他货币，尤其是拯救英国和意大利的货币。英国的经济已经处于衰退状态，提高利率会直接损害英国公民的利益。于是他们认为，只可能有三种调整方式可以使汇率保持平衡状态：德国物价上涨，英国物价下降，或者调整汇率。

交易商们考虑了上述三种调整方式会产生的结果：因为历史原因，德国人不会容忍通货膨胀的出现；英国政府则因为其短期抵押贷款市场的情况无法容忍通货紧缩。所以结论似乎显而易见，肯定是调整汇率。英国的英镑一定会贬值，而德国会对此无动于衷。三位交易商很清楚，对他们来说，最好的投机机会就是做空英镑，这是明摆着的事。

他们中的一位问："你们觉得，三个月内，英国央行宣布英镑贬值的概率有多少？"

站在黑板前的另一个人答道："我觉得有 95% 的概率。"

三个人都静默了一会儿。在货币投机范畴，如果他们选择做空英镑，但是判断错误，就会在现基础上损失一个百分点。但是如果他们做空英镑，且判断正确，他们会在现基础上赚 15~20 个百分点。

"95% 的机会，赌注是 20 比 1。"他们的沉默说明了一切。

最后，公司的经理问他的一位合伙投资人，也是外汇方面的专家："你会赌多少？"

后者迟疑了一下说："三倍资金杠杆。"

当时整个对冲基金公司的市值为 50 亿美元，三倍资金就是 150 亿美元。如果他们成功做空英镑，也就是说英镑的确贬值了，他们就绝对能使整个英国央行破产，进而破坏整个欧洲宏观经济政策的基础。他们的此次行动会在未来几十年的金融界产生巨大反响，会让西欧的金融监管人员对他们倍加小心，还会让他们成为全世界最臭名昭彰又最受人尊崇的货币投机商。

过了一会儿，三个人中的主导人物冷静地做出了决定："那么我们就做三倍资金杠杆吧。"然后他起身走出了办公室。

在 1992 年 9 月 16 日，许多投资者都赚到了钱。后来，那天被人们称为"黑色星期三"，但是没有任何一个人比我们的金融大鳄乔治·索罗斯、他的继承人斯坦利·德鲁肯米勒以及他当时的首席战略分析师罗伯特·约翰逊赚得多。索罗斯以"让英国央行破产"而闻名。英国政府试图通过提高利率来维持英镑汇率。当他们最终放弃该尝试并退出欧洲汇率体系时，英国的纳税人已经损失了 38 亿美元，而乔治·索罗斯的个人财富已增长到了 6.5 亿美元。据估计，索罗斯基金管理公司从这次交易中获得的利润超过了 10 亿美元。意大利菲亚特汽车公司的负责人表示，在 1992 年，做量子基金的股东比拥有整个菲亚特汽车公司还赚钱。

在第七大道的办公室里到底发生了什么？那三位外汇交易商是如何知道现在是该下大赌注的时间的呢？全球所有的金融公司都在密切关注这一连环事件，乔治·索罗斯又是如何从这一社会环境中提取出比其他人更多的信息的？他是如何领会官方的说法，和官方没有透露的信息的呢？

索罗斯之所以能够在关键时刻决胜千里，与他多年以来一直实践人文思维息息相关。在他做出世界闻名的市场投机预测的几十年前，也就是20世纪40年代末到50年代初，索罗斯曾在伦敦政治经济学院学习哲学。他崇拜的智者，也是他的导师，是哲学家卡尔·波普尔。在索罗斯求学期间，波普尔以他提出的"可证伪性"概念为基础，教给了索罗斯一种理性、严谨的思维方式，即不断试图证明自己是错的，而不是证明自己是对的。

作为一名科学哲学家，波普尔的概念主要涉及围绕科学方法产生的确定性崇拜：如果你不能找到一个证明这个理论无法成立的情况，那么该理论就是成立的。但是波普尔强调，再多的验证都不是彻底的。他在1956年写的文章《关于人类知识的三种观点》[1]中提出："在我看来，科学家唯一能做的就是去检验他们的理论，去剔除那些他们设计的、无法验证的部分。"

作为一名哲学系的学生，索罗斯被这些观点深深地迷住了。他很快就发现，他可以将"可证伪性"应用于市场体系中，使其产生更大的效应。于是，他开始研究市场投机，不断尝试去验证他对市场走势的判断。

索罗斯是在二战期间被占领的匈牙利长大的，波普尔的哲学世界观与索罗斯产生了共鸣。波普尔在他的文章《社会科学的逻辑》[2]中写道："我们曾认为我们是屹立不倒的，实际上，所有的事物都是不稳

---

[1]　"Three Views of Human Knowledge"，卡尔·波普尔（Karl Popper），1956。

[2]　"The Logic of the Social Sciences"，卡尔·波普尔（Karl Popper），1962。

定的，都处于一种变化中。"因为在童年时目睹了战争的破坏性力量，所以索罗斯对历史的非线性发展异常敏感。他意识到，宏大的政治事件，往往是由那些看似微不足道的对个人的怠慢引发的。理性的货币政策与条约的表象之下，是人们的愤怒、受伤的自我和地盘之争。

斯坦利·德鲁肯米勒和罗伯特·约翰逊是相对传统的经济学家，他们接受的是传统的经济学训练：德鲁肯米勒离开学术界后，开始从事石油分析师工作；约翰逊曾在麻省理工学院学习经济学，之后在普林斯顿大学完成了博士学位。但他们二人都是在索罗斯的管理下才有了大发展。索罗斯基金管理公司所具有的人文思维文化要求他们三位必须探寻数据背后的文化。

罗伯特·约翰逊向我解释了他们所遵循的独特流程："多数时候，数据并不是数字，它们无法在表格中量化。数据是经历，是报纸上的文章，是人们的反应，是对话，是描述性数据。"

这就是我所说的厚数据。厚数据厚在哪里？当机器学习带给我们过多的薄数据时，为什么厚数据还是很重要？为了能够回答上述问题，我想先谈谈哲学领域四种不同类型的知识，或者说是四种"认知"的方式。这将有助于我们意识到，薄数据或剔除了情境的数字，给我们带来的认知偏差，以及这种认知偏差是如何妨碍我们了解文化的内涵的。

四种知识类型

我们如何知道我们所知道的一切？我们又是如何确定我们真的

知道我们所知道的一切？哲学家们数千年来一直在思考这些问题。我真的知道我正坐在椅子上，知道 $a^2 + b^2 = c^2$，知道莎士比亚是一位伟大的诗人吗？哲学世界以外的人，很难理解这些问题竟然会引发近两千年的讨论。但是哲学家们确实是花了大量的时间来思考，当物体下坠时，我们是如何知道它在坠落的；或当我们闭上眼睛的时候，世界是否真的存在。而他们的真知灼见绝对不该被我们所忽视。让我们先来了解一下抽象的"认知"方式，也是薄数据所具有的特征：客观知识。

客观知识

客观知识是自然科学的基础，例如"2+2=4""这块砖重 3 磅""水是由两个氧原子和一个氢原子构成的"。但这种类型的知识没有真正的视角，这就是哲学家托马斯·内格尔将其描述为"无源之见"的原因。内格尔在 1986 年出版了同名著作①，他认为客观知识是凭空而来的观点。客观知识可以被反复检验，并得到相同的结果。蚂蚁、原子和小行星都可以用客观知识进行观察、测量，因为其结果是可复制的、普遍成立的，并与现实观测相一致。

客观知识的支持者们曾给出不同的框架模型，其历史可以追溯到实证主义思想。这一 19 世纪兴起的哲学运动提出，任何事物都可以在观测者不带偏见、没有价值判断的情况下进行测量。19 世纪能出现工业革命的高潮，绝不是一个巧合。在这样的一个时代中，人们相信

---

① *The View from Nowhere*，托马斯·内格尔（Thomas Nagel），1986。

科学是理性客观的，相信人类的大脑可以战胜一切。在许多方面，情况的确如此：科学的发展推动了农业和交通的现代化，使商品能够在各个国家和大洲之间流通；自动化生产能够大量生产产品，满足越来越富有的中产阶级的需求。

客观地测量并确保结果的思想，符合以生产为主导的文化。随着企业越来越关注提高生产力和利润率，这种文化也不断发展，一种新的"现实主义"开始出现。戏剧艺术家们努力在舞台上再现整个城市的真实面貌，而不是展示我们理想中的生活。左拉、福楼拜等作家则专注于描写"平凡的男人"和"平凡的女人"。即使是可怜的包法利夫人，一个渴望浪漫的家庭主妇，也值得福楼拜一丝不苟地考察一番。

当然，了解20世纪艺术与哲学发展的人会知道，这种确定性、客观性和理性思维很快就被以梦境和潜意识为形式的怀疑、主观性和非理性思维所取代。人文学科逐渐脱离客观知识的"现实主义"，许多自然科学也是一样：爱因斯坦的相对论就是物理学的一个重大转折点。颇具讽刺意味的是，商业界的"管理科学"仍将客观知识置于所有其他知识之上。大数据能客观地衡量数量、结果和迭代，这就是它如此吸引人的原因。大数据可以捕捉到超出意识的一切事物：点击、选择和收藏等。

主观知识

主观知识，即个人的观点与感受。主观知识是认知心理学家研究的对象，反映的是我们内在的世界。人们会把自己确信无疑的事情看作是知识。当我们说"我脖子疼"或"我饿了"时，大家就会尊重我们对自己身体的判断。当某个人正经历某种感官体验时，这种感受就是他的最真实的知识。

但是，完全属于主观知识的例子少之又少。当一个人在球赛现场看到周围的人都在吃热狗，他很可能会说："我饿了。"这种知识是介于主观与客观之间的。它是关于我们共享的这个世界的知识，也正是它使得厚数据具有强大的力量。

共享知识

与客观知识不同，第三种形式的知识是无法像原子和距离那样被测量的。同时，与主观知识不同，这类知识具有公共性和文化性。它涉及我们对各种社会结构的敏感性，或者用我们第一章介绍的概念来说，它涉及我们对所在的"世界"的敏感性。

换言之，第三种知识是共享的人类经历。在后面的第四章中，我们将会了解到如何运用现象学的研究对这种类型的经历进行分析：什么是犹太人的经历？在美国做一个职业女性意味着什么？迁居到城市化进程快速发展的中国城市是什么感受？

对于索罗斯和他的同事来说，能够下大赌注与拥有这种形式的知识密不可分。他们"理解"德国人的经历，以及这种经历是如何体现在二战后德国的货币政策上的。他们也"理解"伦敦街头的人们的感受，以及英国人对于利率提高的看法。这种知识不是通行的知识，而是与所处情境息息相关。同时它也不是内部的知识，而是共享的抄本。它是我们共同的经历，和我们对这些共同经历的理解。索罗斯和他的同事当时追踪的主要事件是英镑的贬值，但是投机的机会是存在于主要事件所衍生出的第二波和第三波影响之中的。投资者对即将出现的戏剧性变化会做出怎样的反应？此后人们的贪婪和恐惧又将在整个过程中扮演怎样的角色？

情绪是厚数据的一种形式，也是一个关键要素。情绪比我们自身更强大：它可以占据整个房间、城市甚至国家。我们会说，"我处于焦虑之中"，而不是"焦虑的情绪充满了我们的身体"。这其中的区别很重要，因为情绪本质上是社会性的。情绪不具有任何客观性，同时也不是完全主观的。情绪是对我们共同感受的捕捉，或者说一个人的感受会对周边的人产生影响。索罗斯的团队就是运用他们对情绪的微妙感受，来分析在《马斯特里赫特条约》签署后，一些市场波动所引发的兴奋与恐慌。

感官知识

三位投机者也时刻体会并运用来自身体的第四种类型的知识。这种知识让我们利用一种关于世界的浅层次意识来决定如何行动。当伊拉克的战士描绘他们的身体是如何"感受"到诱杀装置在向他们逼近时，我们体会到的就是这种知识。经验丰富的消防员通过"第六感"感受火焰的移动；专业救护人员在没有看到心脏骤停迹象前，已经伸手去拿除颤器。这些都是感官知识在发挥作用。

索罗斯描述说，他的身体就处在市场体系当中，就像冲浪手和冲浪板融为一体一样，甚至是和海浪融为一体。索罗斯对市场数据的感知，就如同感受一种和自己认知紧密相关的意识流。他问他的同事和雇员，他们身体的哪个部位能给他们最准确的提示，是脖子、后背、头还是胃？大家都知道，在做重要的投资决策的那段时间，他会背痛或睡不好觉。公司的另一个投资人说，呼吸道感染是他判断投资杠杆是否过大的一个重要参考软数据。每当他开始在会议中咳嗽时，索罗斯就会马上问他："是不是该降低一些风险？"

知识整合与模式识别

你也许会嘲笑这种把身体的感受与市场知识联系起来的做法，但是，索罗斯作为一位巫师一般的投机者，在工作中也是很严谨的。乔治·索罗斯和他的团队之所以能够做出正确的重大决策，绝不仅仅是依赖于背痛，而是在于他们能灵活自如地综合运用所有四种知识。对于意会来说更为重要的是，他们并没有把任何一种知识置于其他知识之上。

通过运用一些基准和模型作为标杆，从特定的情境中抽取更多的知识，在1992年时，这三位交易商就已经比其他人获得了更多的信息。大部分的投资者都是基于理性行为与均衡模型进行决策的，因此索罗斯的团队可以预测出其对手的行动。如果你了解你对手的世界，如果你理解他们的视角，你就可以利用这一点进行重大的市场决策。

让我们花点时间来探讨一下索罗斯和他的团队成员收集信息的过程，与传统的银行或投资公司相比有多大差异。索罗斯基金管理公司的成员们在讨论时会积极地参考四种知识，会整合像德国人的民族自豪感及英国人对采取紧缩措施的渴望等数据，而高盛集团或摩根士丹利的雇员则更倾向于使用由高智商或受过无可挑剔的教育的数学家或物理学家所设计的数学模型进行决策。但是，这样的模型对于一些无法量化的数据束手无策，比如英国财政大臣诺曼·拉蒙特的愤慨。这些模型只优化了一种类型的知识，即客观知识。他们宣称这些模型可以在全球范围内通过识别不同情况来排除风险。所有活动的背后都有一个重要的假设：市场是理性的，而且最终都会回归平衡。因为他们认为风险和回报是平衡的，因此市场是公平且可预测的。在这个视角下，人也总是理性的，并具有清晰的预设目标。

值得注意的是，几乎所有这种运用模型进行决策的行为都发生在伦敦、纽约或法兰克福的大厦顶层，远离真实的世界。数据和模型渐渐变成金融机构的工作人员了解真实世界的窗口，而且他们认为通过这样的方式，他们可以对全球经济有足够的了解。理性行为与市场平衡的假设使他们认为自己根本没必要走出办公室。这是一个清晰的世界：整洁的办公室、清晰的假设和再明白不过的动机。决定数百万美元得失的决策，就是基于这些在真实世界没有任何根基的知识做出的。

接下来让我们看看罗伯特·约翰逊，这位索罗斯的货币交易专家是如何为"击垮英国央行"做准备的。在1991年秋天，他已经嗅到了德国统一带来的压力，随着苏联的解体，这一压力被进一步放大。大家都知道，《马斯特里赫特条约》将会使已经压力重重的欧洲汇率体系进一步恶化。约翰逊在芬兰货币马克上投资了大约20亿美元，因为该货币的币值比较稳定，但是他开始有点怀疑这项投资了。尽管他可以坐在自己位于纽约或巴黎的办公室中，利用各种模型分析数据，但是他觉得，做出下一步决定的最佳方式是，在那个冬天到芬兰的首都赫尔辛基找一家旅馆住上一段时间。

"不知你是否知道，芬兰人都喜欢喝酒，"约翰逊对我说，"所以我每天晚上都会和他们去一个叫莫扎特咖啡馆的地方。大家都没少喝，那个冬天，我和这些人混得很熟。一天晚上，他们开始和我说他们的模拟结果。这些人正打算让芬兰马克贬值，我听出来了。"

第二天，约翰逊来到芬兰中央银行，对银行工作人员说他要抛售价值20亿美元的芬兰马克。为了不惊动市场，他们在芬兰邮储银行完成了交易，当天上午10点，约翰逊已经退出了赌局。然后他就坐上了回纽约的飞机，他一降落，也就是抛售完芬兰马克不久，就开始做空芬兰货币。几天后，芬兰货币下跌了18个百分点。约翰逊此番赚了个盆满钵满，而几乎所有其他投资者都遭受了重创。

约翰逊告诉我："大家都来问我，'你是怎么知道的？你怎么知道他们要让马克贬值？'我知道，是因为我在场。我是在和芬兰人聊天时感受到的，我不仅与芬兰中央银行的官员聊天，还与金融投资者、交易员以及工会谈判者聊天。我是从真实的对话中获得了真实的感受，而不是通过机械的经济学基础理论去感知的。"

约翰逊将这种厚数据与被他的母校麻省理工学院视为"正统"的薄数据进行了比较，他说："当我把经济学中的数学公式拿到工程部，仪器显示结果契合得天衣无缝。但当我将其应用于劳动力市场时，它却变得毫无意义。'你们到底在搞什么，'我说，'你们是在弄虚作假。劳动力市场是人的系统，而不是机械工程。'"

约翰逊说起自己在麻省理工学院时遇到的一位导师，著名的经济学家、历史学家查尔斯·金德尔伯格："他会在星期五早上邀请我们去看波士顿交响乐团在周末演出前的最后一次彩排，他还会带我们去喝杯咖啡、吃块松饼。金德尔伯格见证了经济学的历史，他曾参与马歇尔计划，并写下了著名的《疯狂、惊恐和崩溃：金融危机史》。他的认知来源于环境、历史和人类的故事。他告诉银行家，笛福、巴尔扎克和狄更斯的书对银行业真正的精英来说十分重要。"

回归文字经济学

经济学作为一个学科，是受益于所有四种知识的一个完美案例，包括薄数据和厚数据。那么，为什么还有很多人坚持经济学应该完全依赖客观知识呢？伟大的美国经济学家保罗·萨缪尔森在20世纪90年代末接受美国公共广播公司采访时，谈到了这一矛盾：

经济学并不是一门精确的科学，它是艺术与科学的结合。关于经济学，我们需要知道的最重要的一点是：在我看来，我们并不是在趋向精确，而是在改进我们的数据库和我们对数据的理解方式。

英国历史学家以赛亚·伯林对于这一课题有其独特的见解。他的大部分学术生涯都是在研究政治学，力求找出能够描述政治洞察力和领导力的方式。在他写书和写论文的那段时间，也就是20世纪的中晚期，当时的政治学家与经济学家都沉迷于找出能够适用于所有政治体制的普遍性规律和框架。他们提出，这些理论可以指引政治领域乃至整个社会以科学的方式向前发展。他们希望政治学能成为一种理性的博弈。

伯林在其 1996 年的文集《现实感》[1]中探讨了这些争论。理性的博弈是否是对现实的准确反映呢？它是否是政治学的真实运作方式呢？结果他发现，事实恰恰相反。就如同乔治·索罗斯这样的大金融家能够同时整合多种复杂要素一样，伯林发现，伟大的政治领袖具有一套可以被称为"完全平凡、经验主义和准美学式"的个人技能。这些技能的特点，是以经验、对他人的理解和对环境的敏感为基础的现实参与。"整合那些千变万化、多姿多彩、稍纵即逝的，像一只只蝴蝶一样难以捕捉、分类的信息"，是一种了不起的能力。

如果我们遵循伯林的观点，这些投资者的天赋，就是能够在如海洋般浩瀚的数据、印象、事实、经验、观点和观测中找出规律，并把这些规律整合成一种洞察力。在伯林看来，这需要"与相关数据进行直接、几乎是感官上的接触"，需要"对什么与什么相匹配，什么源于什么，什么导致什么有一种敏锐的感知能力"。

这种技能包含了推理、情感、判断和分析的能力。在金融投机领域，这种技能还需要人们具有根据所有四种类型知识采取行动的勇气。

纪律与行动

1987 年 10 月 19 日，道琼斯指数下跌了 22.6%，创下该指数自

---

① *The Sense of Reality*，以赛亚·伯林（Isaiah Berlin），1996。

1896 年诞生以来的最大跌幅。市场观察家们试图对暴跌的征兆进行解读，并马上将这一天命名为"黑色星期一"。斯坦利·德鲁肯米勒，这位全球最成功的对冲基金经理之一认为，他可以从先前的崩盘中找出相似的规律：基于经验和对历史的了解，他提出，市场会在暴跌的几天后反弹，然后再次暴跌。然而索罗斯却认为，市场信号是金融工程显露的问题。他非常确信，新上市的被称为"投资组合保险"的金融产品已经使市场形成了具有破坏性的反馈环。该产品的设计目的，是保护投资者在市场下跌时免受巨额损失，但是当数以千计的投资者都购买该产品时，它就会导致期货市场的混乱。就是在这似乎是市场一隅发生的极端动态，如同在日本扇动翅膀的蝴蝶，最终造成了巨大的市场波动。

索罗斯确信"黑色星期一"是由这些复杂的反馈环导致的，而不是由泡沫破灭后市场触底的根本性转变引起的，所以他继续坚持看涨行情。然而到了星期三，也就是 1987 年 10 月 21 日，随着东京市场的上涨，索罗斯之前做空的日元开始下跌。他意识到，实际上是美国市场在触底反弹，"投资组合保险"导致的震荡只是具有破坏性的大周期中的一小部分。他的基金正在大量赔钱，他将很快失去投资者的信任。就在几周前，他的量子基金还上涨了 60%，而现在却下跌了10%。索罗斯降价大减仓，撼动了整个市场。几天的工夫，他的基金就蒸发了 8.4 亿美元。

他并不是唯一遭受重创的人。市场触底过程中，不少著名的对冲基金经理都备受打击。这次暴跌发生后不久，索罗斯和几位知名投资者参加了一次聚会。不难想象，聚会的氛围十分低沉。这些具有亿万资产的投资者曾经是宇宙的主宰，现在却对自己无法预测市场波动而感到无比沮丧。传奇的对冲基金经理迈克尔·斯坦哈特无力地躺在沙发上向客人打招呼。他对同僚们说，他已经做好了职业转型和改变生活方式的准备。

在那一刻，索罗斯深切地感到了当时人们的情绪以及市场的情况，但是他没有就此屈服。他用自己的智慧在如葬礼一般的气氛中绝地反击。他能够预见到，时任美联储主席的艾伦·格林斯潘将会大幅放松信贷，以增强市场活力。当遭受重创的投资者们还处在恢复期时，索罗斯从未失去勇气。他迅速做出反应，在外汇市场做空美元。这一举措纯粹是一种冒险，是他在"黑色星期一"的失败后，对其他人的反应所下的赌注。后来他说，在投机机遇面前，他真的像是"巴甫洛夫的狗"一样，难以抑制住自己的口水。就如他所预期的，美元下跌了，他的选择是对的。到1987年年底，量子基金再次升值，这次增长了13%。

在1987年的那次聚会上，大部分投资者与索罗斯获取了同样的信息。大家都知道，美联储会放松货币政策，以避免市场完全关闭。你如果问在场的任何金融家，不论是无力地躺在那里的，还是借酒浇愁的，他们都会对接下来发生的事做出相同的预测。不同的是，索罗斯几乎养成了一种有纪律的行动模式：他能对近期的损失保持冷静，因为他所关注的是新的投机机会。通过将自身以及受伤的自我从情境中抽离出来，他能清晰地感受到市场的走向，而这种走向就是巨大的机遇。

索罗斯严苛地要求自己对所有类型的知识保持开放的态度。通过自己的身体和文化背景，他让自己不会对由数字构成的客观知识产生太强的依赖感，罗伯特·约翰逊对我说："我们不能依靠自信，但可以依靠索罗斯的所作所为。我所惊讶的是他的行动力。并不是说他能够通过逻辑分析出最有利可图的行动，这点我们圈子里很多高手都能做到。事实是他真的采取行动了，而不是坐在旁边观战。他投入了战斗。"

从大气层到平流层

克里斯·卡纳万毕业于哥伦比亚大学，获得了经济学博士学位，现在与索罗斯一起工作，他谈到自己与老板做事方式的区别时说："我记得在做交易商时，和索罗斯一样，我也对市场走向有一种直觉和不太成熟的预感。现在回想起来，我发现自己是对的，我是在对周围发生的事情做出反应。但是我并没有听从这种感觉，我并没有让直觉改变我的思维。我说的'思维'是指一种实证的方法。虽然具备那种能感知到即将发生什么改变的能力，但是我却如此胆怯，并没有利用这一信息或知识，因为我无法用数字的方式将其表达出来。而且也没有几个人有胆量对周围的人说，我做出这个决定不是因为数据，而是我就是知道这样做是对的。"

卡纳万将这个过程比作是一个年轻的高尔夫选手在全身心地沉浸在比赛中时所展现出的精湛技艺。他说："我高尔夫球打得越好，就越赞叹那些优秀的高尔夫选手是多么伟大。"尽管在技术上，他离优秀运动员越来越近，但他的进步只能表明在对这一运动的理解上，这些优秀运动员是遥遥领先的。

"如果将技艺的提升比作是火箭发射，那些优秀的高尔夫选手已经进入了平流层。除非你也是一位不错的高尔夫选手，否则你无法真正意识到他们是在平流层，而不是大气层。"

这种如同"发射"般的技艺提升，只有在人们对各种类型的知识都有勇气做出行动反应后才可能实现。"水平一般的选手，"卡纳万解释说，"根本无法意识到要将各种变量，包括风、温度和草的质地等计算在内，然后再决定如何击球，是多么复杂。"

并不是所有人都能把自己与精通高尔夫球或演奏爵士钢琴联系起来，但是大部分人都能在学习一门新语言的过程中体会到自己对某种技艺的掌握。刚学德语的人会从学习语法开始。学生会关心这门语言是如何组织的，有什么规则，有什么例外情况。经过一段时间的词汇学习后，学生开始能将词语串成句子，并努力避免语法错误。很快，勤勉的学生就会熟悉一些语言规则，比如在长长的德语句子中，动词总是被放在句尾。之后，卡纳万描述道，那个学生就离开大气层进入平流层，就如同魔法一般，他能摆脱对语言有意识的思考，并放松下来流畅地表达。那些语法，也就是那些抽象的原理，会渐渐变得不再重要，而他也就可以流畅而毫无障碍地用一种新语言来与他人交流，并将其作为一种自由表达的工具。曾经搜肠刮肚寻找词汇的经历已经成为过去，现在他主要关注的是自己要表达的意思。

休伯特·德莱弗斯以及现象学领域的其他哲学家认为，我们最伟大的技能与创新并不是我们有意识思考的结果。尽管在我们讨论如何掌握一种语言时，这一点似乎是不言而喻的，但是事实上许多企业、机构甚至教育体制中盛行的准则却与之大相径庭，它们明确或暗示我们最伟大的技能是在我们独自进行抽象思维时展示出来的。

实践智慧的力量

亚里士多德的实践智慧（practical wisdom）概念，也就是在实践中的智慧，有助于我们更好地理解这一点。亚里士多德提出，具有实践智慧的人能够超越他所工作的领域的"语法"。他已经不再需要关于基本规则与模型的训练，他可以对情境进行具体的、有针对性的解读。在卡纳万描绘一位高尔夫球大师的时候，他实际上是在描绘一位选手在特定情况下所做出的具体反应。我们甚至可以说，是他所处的环境促使他做出这个反应。因为他是大师，他可以时刻保持对那一个环境的正确反应。

就如同卡纳万所说，你越是受笛卡儿式思维的奴役，你越不愿意倾听你的直觉，感知你的颈痛和胃肠不适。而失去这种直觉，只会使你成为一个不成功的交易商或投机者。我们在实践中会遇到两难境地：盛行的说法是，科学的信息越多越好，但是这种科学的信息却导致我们对其他形式的信息置若罔闻。而往往是那些能够接受各种形式的信息的人最终胜出。胜出就意味着这是一场零和博弈：我的收益就是你的损失。

索罗斯基金管理公司的一位资深交易员向我说起他从四种知识中获取信息的经历。这位交易员是巴西政府的高级顾问，在南美市场有几十年的经验。2001年，他运用自己的这两种经历进行了一次具有风险的杠杆操作。在第一季度时，一切似乎很顺利，但之后他就开始出现亏损，再后来亏损得更多了，6个月后，他损失了几亿美元。因此，索罗斯给他打电话询问此事。

"我首先想到的是，至少以后我可以说我曾为索罗斯工作过。"他笑着告诉我。

但是当他试图向索罗斯解释时，索罗斯在他解释了 15 秒后就打断了他，并要求他保持仓位："等待情况糟得不能再糟的时候，加仓一倍。"他松了口气，同时也对索罗斯的指令大吃一惊。他是怎么"知道"什么时候是最糟的时候呢？

这位交易员等待并观察着市场的情况。两个星期后，他看着自己的仓位，在那一刻他十分确信市场真的已经触底了。他开始落实索罗斯的指令。就在市场到达最低点时，每个人都在清仓，这位交易员深吸一口气，将仓位加倍。他等待着。

我们可以想一想，当大家都在从众心态的驱使下仓皇出逃时，对于一位交易员来说，将仓位加倍并等待有多艰难。他整个人都处于恐慌之中，但是他依靠自律让自己平静下来，试图让自己的情绪从目前的状态中脱离出来。

接下来，市场奇迹般地出现了反弹。没人对市场反弹感到惊讶：下跌到最后总会反弹回来。但令人震惊的是，市场竟然会在触底后立即反弹。

"我对市场的多年观察使我能够看出这一点，"他对我说，"但是乔治·索罗斯确实让我亲眼看到他是如何依靠感觉下大赌注的。我们并不是根据分析下注，而是根据对市场规律年复一年的观察。这是我永远无法写出来或解释清楚的。但是最终我们的收益是损失的好几倍。"

克里斯·卡纳万向我描述了他对软数据的认知。1997 年，他结束了自己的学术生涯来到高盛集团，在那里他大部分的时间都在做大宗商品交易。然后，他开始对他所处的世界中的一些真实情况感到困惑：从事黄金、石油、天然气和金属钯等商品的交易员，往往比外汇交易员的年龄大三到五岁。人们普遍认为大宗商品交易员不如外汇交易员聪明，他们往往不如外汇交易员出身正统：毕业于常青藤联盟学院，有显赫的实习经历。但是，众所周知，大宗商品交易部门是高盛名副其实的"发电站"，几十年来，这个部门一直是该领域最赚钱的部门之一。为什么这些客观上讲并不是公司最聪明的人，却做成了大买卖？

之后的一个夏天，飓风袭击了墨西哥湾，然后一路向路易斯安那州进发。卡纳万眼看着大宗商品市场乱了套。然而就在这不可思议的波动中，他注意到大宗商品交易员们不仅在继续进行交易，而且还达到了最佳状态。

卡纳万告诉我："这些家伙在过去的20年里一直只做原油和精炼产品交易，他们就是在做自己最擅长的事，因为他们能够归纳相关信息，甚至不需要查找就知道飓风经过的所有钻井平台。不仅如此，他们还知道哪些钻井平台在为墨西哥湾和大西洋沿岸的炼油厂提供原油。"

卡纳万意识到这些交易员不是靠数学模型来工作的。他们并不是通过计算出最佳等式来客观感知市场的活动，而是完全让自己沉浸在市场的动态之中。

"他们会说，'因为我们知道钻井平台在哪儿，知道它们向哪里供货，所以我们可以在脑海中构想出要发生的事情，而且我们了解飓风和飓风带来的后果。由此，我们可以推算出原油和其他商品的价格走势。然后我们就可以利用这些预测的走势进行交易。'"

在此期间，卡纳万目睹了大宗商品交易员们是如何在近10年来最动荡的时期之一赚了大钱的。而外汇交易员，在市场动荡时期所采取的行动却完全不同。

"外汇交易部门一般的做法是教某个 23 岁、头脑敏锐的大学毕业生一些外汇汇率的基本数学概念，这样他就可以快速地运用这些强大的模型进行计算。因为外汇市场的特点，他无须收集特定的、难以量化的信息就可以开始交易并赚到钱。我曾认为，这些年轻傲慢的家伙可以随时打败那些原油交易员。"然而飓风过后，卡纳万几乎推翻了自己所有的想法。

"在那之前，我一直相信正统。我拥有经济学博士学位，又曾在学术界待过一段时间。我认为一个好的交易员应该比普通交易员找到更好的模型。之后，他需要做的就是发明和改良下一个成熟的统计技术来完善该模型。飓风过后，我意识到，一旦有任何出乎预料的事情发生，这种类型的外汇交易员所具有的所有技能都将被冻结，毫无用武之地。我想我必须彻底转变我对什么是好的交易员的看法。"卡纳万说。

"不久的将来，可能所有市场参与者都可以即时处理可量化的信息，这只需要更快的光纤、更大的内存和更好的模型就可以实现。这些模型可能在一天半里还是你的专利，然后很快每个人都能拥有它们。那么到那个时候，一个好的交易员和差的交易员之间到底有什么区别呢？"

笛卡儿的预测完全基于市场是理性的这一预判，他认为所有的交易员都会用抛硬币的方式来决策，没有谁好谁坏之分。卡纳万的预测则不同。他认为，即使是在信息完全透明公开的情况下，一些交易员还是会比其他交易员做得更好。而且有一些人会反复取得傲人的成绩。那些人是在真实的环境中工作的人，他们能提取并整合厚数据和薄数据，他们能从对文化的理解中获得见识。毕竟，人类的智慧绝不是抛硬币那么简单。

在接下来的一章中，我们将考察如何才能获得至关重要的厚数据。对文化的研究需要一种能够认识到我们世界复杂性的方法。是时候该抛弃错误的抽象给我们做出的虚假承诺，投身于丰富多彩的现实中了。我们将从杏仁鸡尾酒开始说起。

第五章

原则三：要大草原，而不是动物园

现在的事实是，哲学家都太喜欢居高临下地提出批评，

而不是从内部研究和理解事物。

——埃德蒙德·胡塞尔

胡塞尔、海德格尔和杏仁鸡尾酒的故事

相传 1933 年的一天，让－保罗·萨特、西蒙娜·德·波伏娃还有他们的朋友兼同事雷蒙·阿隆在蒙帕纳斯大街的一家咖啡馆喝酒。当时雷蒙·阿隆刚从德国回来。在德国时，他参加了哲学家埃德蒙德·胡塞尔的讲座。他告诉他的朋友们，这位德国哲学家正在寻求一种可以把日常生活的丰富内容带入哲学话语中的方法。他的这种概念叫"现象学"，其目的是试图摒弃知识分子对话中的抽象概念，专注于描述物体和经历本身。萨特和波伏娃立刻侧耳倾听，想了解更多。阿隆随手拿起了桌上的杏仁酒并告诉他们，现象学是一门研究像杏仁酒一样普通事物的哲学。这门新哲学不受困于思维的范畴，也不纠结"思考"于存在中所起的作用，而是致力于描述我们在日常生活中是如何感受种种现象的。胡塞尔鼓励他的学生把注意力放在事物在我们面前所呈现出的真实样子上。

* * *

我们的意会之旅走到现在，你们当中的一些人可能会不耐烦了，急于知道那个重要的、根本问题的答案：日常生活中，意会到底是以什么形式进行的呢？还有，个人该如何培养意会的能力呢？我们该从何处入手呢？

首先，并不是每个人都可能成为乔治·索罗斯。毫无疑问，我所说的意会绝对不是什么"通往成功的七个秘诀"。相反，我的目标是让大家敞开心扉，去迎接一切可以带领我们获得独到的文化洞察力的事物。事实上，有一个看得到摸得着的方法可以为我们一直在讨论的意会提供一个组织框架，这个方法就是现象学，或者叫"现象的科学"。虽然这个词很少出现在我们的日常对话中（我承认，这不是什么会被人天天念叨的词），但现象学却是意会背后的哲学灵感。

比如，一杯酒是什么？在100多年前的德国，令萨特非常着迷的哲学家胡塞尔开始提出一些看似非常基础的问题。他认为，我们要按照酒呈现给我们的感官体验来描述它，而不是过于纠结酒到底是不是"真实的"这种哲学问题。在胡塞尔的课堂上（学生称其为"现象学启蒙班"），他的学生学会了描述日常生活的方方面面：协奏曲、雷雨和疾病。这不是胡塞尔一时兴起的要求。相反，这是一种将事物从抽象理论或习惯性假设中剥离开来的严谨尝试。这正是现象学者的工作：去描述事物实际呈现出的样子，而不是我们认为它们应该，或者可能呈现出的样子。

胡塞尔的工作新鲜而刺激，很多追随者为了听他的课，专程前往德国的弗莱堡大学。而后，在巴黎，萨特和波伏娃把胡塞尔早期的现象学概念和他们独特的法国感性融合起来，引发了存在主义运动。

不过，胡塞尔最出名的学生是马丁·海德格尔。他承接了导师的衣钵，又另辟蹊径。他认为，即便是最严格的现象学依然没有脱离笛卡儿的传统。换句话说，现在的现象学依然是一种脱离社会环境，一个人坐着思考的方式。

海德格尔开始描述存在本身这一现象，也可以称为我们在这个世界共享之生存。他关注的是，当雷蒙·阿隆脑海中出现杏仁酒这一想法时，它的意义是什么。海德格尔激进的新哲学认为，世界不以个人脑中的想法为特征。实际上，他得出的结论是，我们的所有经历都不是源自我们自身。他的现象学理论让其追随者关注不同世界的社会结构。他认为，在由咖啡馆文化和里面的人，如服务员、顾客及调酒师所构成的基础结构中，杏仁酒只是一个器物而已。这个特定的世界，包括巴黎每个咖啡馆在内的所有事物，反映了法国文化。如果你想要了解法国式的感性，应该先去巴黎的咖啡馆看一看。

逃离动物园

上述这些观点是为了让大家对现象学的知识背景有所了解。在我们自己的意会实践中，最重要的是要记住现象学是在召唤我们回到真正的世界，回归"事物本身"。不是去看狮子在笼子里吃它们碗里的食物，而是要去大草原观察它们如何捕食。

我们大多数人都被限制在了自己的动物园里：有的人被困在高楼大厦不通风的办公室里，有的人被困在桌上堆满了数字表格的会议室里，还有的人被困在充斥着空洞的缩略语的战略会议中。无论是被困于哪种动物园，我们都难以在复杂的环境下领会真正的生活。

现象学揭示的不是某个事物的本质，而是我们与这些事物之间的关系的本质。对我们来说，并不是每件事都是重要的，重要的事也不是一直重要的。我们一直处在与生活中出现的不同事物的关系之中。现象学能够展现出什么事情在什么时候对我们最重要。在一家制药公司，电子数据表可以告诉你有多少销售人员完成了 2016 年的季度目标，但是现象学却能让你明白，究竟是什么塑造了一位成功的销售人员；在一个世界《财富》500 强的咖啡公司，管理学能告诉我们，美国人平均每天会喝多少杯售价不低于 2 美元的"优质咖啡"。而现象学则会帮助我们了解是什么构成了一次真正美好的咖啡体验。在一家时装公司，市场细分模型能展示不同的奢侈品消费者是怎样消费的。但是现象学能揭示他们在消费时追求的是一种什么样的体验。

我们可以通过"正确的"和"真实的"这两个词来理解动物园和大草原的差异。自然科学以正确与否作为标准，即一个观点是不是与所观察到的事实相符。这种"正确性"是独立于主观观念的。但是正如我们在前面讨论过的那样，在我们所共存的世界里，"正确"这一概念能为我们揭示的事情并不多。

我们可以正确地描述生物的性别：某个人是女人还是男人。但是这个意义上的正确表述却并不能解释"有男子气概"和"有女人味"是什么，以及做男人或做女人的感受。

当我们从人的现象出发思考时，我们才能发现一些真正有解释力的特征。这种解释会让人们点头表示赞同，并说："这是真的，的确如此。"这样的真实不是一种普遍规律，它并不适用于所有的事物，但它却让我们深刻地了解某一时间、某个地方及某群人。

任何现象或行为，如玩耍、聚会、旅行、运动、投资、学习、娱乐、吃饭、美容，或者信任都可以用"正确"或者"真实"两种方式来解读和分析。但是只有用后一种方式分析才能显现出其文化意义：一块纺织品和三种颜色构成了美国国旗，分子聚合在一起构成黄金并被做成婚戒，长度不等的胶合板构建成一个家。

我们在世上的经历，与我们对事物或活动的投入状态息息相关。酿造香槟酒的葡萄可能没什么不同，但是在嘈杂的派对上用塑料杯喝香槟，与在高档餐厅里优雅地端着玻璃杯喝香槟，是两种迥然不同的体验。酿造这两瓶香槟酒的葡萄很可能来自法国的同一产地，两瓶香槟都含有同样的酵母，但是其中一种体验会让你有懒散、粗糙之感，而另一种体验则会让你感到愉悦和振奋。这两种体验的不同，就是我们发现的真实。

我们再从自然科学和现象学这两个不同的角度来看一看时间这一概念。人们会说："啊，是不是已经 3 点了？"如果看表，当然每天的此时都是 3 点。从自然科学的角度看来，时间是固定的、脱离环境的，一秒就是一秒。就像一串搭配好的珍珠，粒粒大小一致、间隔相等。那么，如果以同样的方式看待你的生活，那么生活就像是一系列平均分割的单元（分钟、年、几十年），每个单元都含有相同的东西。这些东西可以被测量，而且理论上也可以互换，不会影响结果。然而人们对时间的体验绝对不是这样的。这种自然科学的时间观，的确是正确的，但同时也是十分肤浅的。因为，从人的角度或者存在主义的角度看待时间，一秒钟可能比一个小时还长。人们可能会觉得，在医生办公室候诊时，时间过得要比赶火车时慢，即便两者所用的时间单位完全相同。而且随着年龄的增长，你生命中的同一段时间会呈现出不同的意义。当情绪低落时，回首往事，你可能会觉得自己的 20 岁被荒废了。当情绪高涨时，你可能会觉得自己的大学时光十分刺激。你对过去的看法，取决于你现在的境况，并且会随着你现在体验生活的方式而改变。

这种变化不仅限于个人体验，也适用于人们共享的文化记忆。某个时期或者某个人物的重要性，会随着人们对那个时期或那个人的新观点的出现而发生改变。1938 年，时任英国首相的内维尔·张伯伦决定签署《慕尼黑协定》，把西捷克斯洛伐克的一部分地区割让给纳粹德国。他的这一决定在当时被视为安抚希特勒的精明之举。所以当他返回英国时，群众都在高呼"我们时代的和平"。然而现在，张伯伦常常被视作二战时期的一大懦夫：一个完全没能站出来对抗邪恶的人。毋庸置疑，时间会改变我们理解历史事件的社会背景。

同样的对比也可以适用于"空间"概念：想一想你现在所处的房间或者交通工具。自然科学可以根据对房间的测量数值来描述空间。你和墙壁之间的距离、房间的高度、温度等都是可以描述的。但是一个现象学学者会从一个完全不同的角度来看待空间。你所在的房间是有自己的历史、情调和场所感的。你和墙壁之间的距离或许是 6 米，但是你对这个距离的感觉呢？是感觉近还是远呢？我们可以花数十年的时间收集信息，罗列出罗马纳沃纳广场的详尽特征，但是没有一份列表可以让人感受到它的建筑和雕塑的历史，也没有一份列表可以描绘出身处这些辉煌壮丽的建筑之间是怎样的感觉。

所有高明的管理者或首席执行官都会用到某种非正式的现象学来整改公司，激励优秀的员工。政治家也会采用某类现象学来制定战略，让他的提案有机会成为法案。如果你对意会实践感兴趣的话，就必须了解现象学。每当我努力去理解一些涉及文化或人的行为的事情时，最终都会把这些问题重新定义为一种现象。我逃出动物园，去到广阔的草原观察生命。

变老是怎样的感受？

2015 年，我的公司与斯堪的纳维亚半岛最大的一家人寿保险和年金基金公司合作，该公司因每年失去 10% 的客户而忧心忡忡。更让人担心的是，大多数离开的客户都是较为年长的客户，大概在 55 岁。年金的商业模式，是公司在几十年里持续收取客户一定比例的钱，并在其退休后分期返还。这就是说年纪大的客户在这种商业模式中受益最多，因为他们在此类金融产品中存的钱最多。

刚开始合作时，客户告诉我们，该公司的年金产品是"低接触"产品，意思是说此类产品与消费者的日常生活联系不大。他们认为，年金只会在人们的脑海中出现两次：开户时和发放时。这家公司看起来已经接受了一个事实，那就是他们的产品在现代生活中虽然必不可少，却乏善可陈。他们正在寻找一个"彻底的"解决方案——可能是品牌的改变——来帮助他们扭转不利的局面。

我们的意会过程开始于对该公司文化的话语分析。话语分析以海德格尔的社会学理论为基础，研究人和社会团体如何赋予词语、概念以意义。我们客户的企业内部文化是如何看待年金、养老金和其他金融产品的呢？他们的看法又是如何传递给消费者的呢？通过调查，我们发现了两个相互矛盾的现实结构。

1. 该公司的文化是银行和金融世界的一部分。在这个背景之下，逻辑和理性至关重要。公司高管彼此之间都是通过一些缩略词进行对话的。他们对顾客的称谓不是"某某人"，而是用顾客的个人安全号码（PSN）代指。这样我们就可以理解为什么该公司的管理者会对他们产品的数值表征，而不是对产品在现实生活中的状态更为敏感。公司的高管们把他们的时间都用来看销售目标、百分点和那些由字母组合成的专有名词，而不是去关注现实存在的客户，也不去了解客户所在的环境背景。

2. 意会发现的另一个事实是，客户和他们的消费者之间是通过公司的营销材料进行沟通的。而每个养老金和年金产品，都用同一种方式表达变老这一主题：满头银发的老人在海滩上骑自行车或散步。这种市场营销要表达的情绪或者潜台词是"自由"。这是斯堪的纳维亚版的"天堂"——健康、快乐、时髦的银发老人在享受晚年生活。

颇为讽刺的是，这种表达方式和那些缩略语一样让人感到疏离。这些营销材料背后的假设无法引起消费者的任何共鸣，因为它们和真正的变老毫无关系。它们完全没有触及无聊乏味、日渐疲惫的感觉，也没有提及沮丧和孤独的情绪。现实中的人知道变老的过程并非人间天堂，而是一种挑战。为什么一家主营老年人金融产品的公司会如此脱离老年人所面对的现实呢？

在了解了客户公司的文化后，我们找到了公司的首席执行官，告诉他我们想研究变老这一主题，他对此持迟疑的态度。我们和公司高管们（主要是一群银行家）坐下来商谈，要求他们暂时先不考虑金融领域的事。我说：让我们聊聊变老是一种什么感受吧。变老是一个线性过程吗？和年纪有关吗？多少岁才算老？

于是我们和这些高管展开了丰富且深入的对话。我们都认为变老不是一个线性的过程，而是跳跃式的：现在我感觉自己老了，想要多陪陪孩子；现在我感觉老了，或许应该还清房贷了；我要好好对待我的妻子，因为我们可能无法陪伴彼此多久了；我应该减少工作，去做点别的事情了。

会议桌周围的每一个人都各自回忆了自己在年轻时所经历的那些重要的时刻。如某一时刻，他们对自己说"我不再是个孩子了，我长大了"。这些时刻改变了他们的着装、饮食、交友和建立社交网络的方式以及所阅读的书籍。这些时刻改变了所有的一切。接着我们提出一个问题：你们觉得在发现自己变老，和这种变老意识对金融产品的影响之间存在某种有趣的联系吗？

然后我们走到白板前画了一张图。我们指出：公司现在面临的问题是客户流失，同时你们也知道自己的产品没有吸引力，所以少有人关注，那么我们何不走出去，研究一下人们是如何经历衰老的，以及这种经历对人们理解"美好生活"的影响？如果我们把这些都弄懂了，就能围绕着这种体验来设计养老金和年金产品了。

此时此刻，参会人员都同意将这一问题定义成一个现象：老去是一种怎样的体验？

接着我们准备开始进行人类学研究，也就是进入意会的厚数据收集阶段。我们在斯堪的纳维亚半岛全境选择了一些处于不同生活阶段的人，并和他们朝夕相处了三天。我们通过采访、拍照、摄像，来观察他们世界里的一切。我们还让他们写日记，并用一款手机应用程序记录下他们所有的金融活动。

我们感兴趣的是一个人所处的社会结构，而不只是个体本身。所以我们的研究是以研究对象所处的社会网络为基础的。我们去了解他们的现实世界是怎么构成的：我们和研究对象的伴侣、朋友、同事、雇员以及老板交谈；和研究对象一起去银行，当他们办理银行业务时我们就坐在旁边；我们和他们一起给养老金公司打电话，并给谈话录音。

对于我们研究的每一个主题，意会总是在寻求对同一个问题的理解：做这样的一个人是什么感觉？他们是怎么体验他们的世界的？

当我们避开年金等金融产品讨论变老的话题时，谈话就开始变得热情起来，这绝对不是一个"低接触产品"的话题。我们听到的是疾病、风险、失去父母和孩子等故事。所有这些人类学数据，也就是意会所谓的厚数据，在经过整理后，开始显现出一个显著的模式：55 岁左右的研究对象都提到，他们感觉对生活失去了控制。他们大多是有子女的中产阶级，虽然来自不同地区，却都有着类似的体会。其中还有人谈到，他们在看着子女长大远去后感受到了生存危机："我们的人生还能找到新的意义吗""我们还要待在这个大房子里吗""我还爱我的丈夫吗"……

还有一些人会在意识到可能再无升职机会后，产生衰老的感觉："我再也不可能当上老板了""我的职场生涯只能维持现状了""在我之下的年轻人迅速成长，而我却在走下坡路"。他们还提到了在办公室里受到的差别对待——"他就是那种老一辈的保守派"。在路上她们还会听到有人说："小心那个老女人。"我们的一个研究对象告诉我们，一天他收到了人寿保险公司的信函，说他已经到了 55 岁，该考虑想要以什么方式收取年金了。此前 30 年，他都没有收到过该保险公司的消息，所以他根本想不起来自己是在哪个公司投保的。"这封信本身没有问题，"他说，"有问题的是这封信给我带来的感觉。我仿佛感觉我在职场不再有影响力了，和妻子不再相爱了，甚至人生都是一片茫然。这封信如同当头一棒，告诉我："你。老。了。'"

几乎每一个这一年龄段的研究对象都刚刚完成了一次重大的财务重组。他们有人卖掉了房子，有人买了一艘船，有人为子女安排好了继承事宜。在做这些的时候，他们的脑子里一直在盘算：我还能活多久？

通过对变老这一现象的研究，我们发现，其实这些人对商业的态度非常开放。如果一家金融服务公司能在适当的时机给他们打电话，并提出恰当的问题，以恰当的方式和他们沟通，那么他们其实是十分渴望被给予建议的。他们不仅想谈论年金，还想讨论生活的重组。

可是这家公司失去的恰恰就是这群客户，为什么呢？因为这家公司想当然地认为，就算不去理会这群客户，他们也会保持储蓄年金的习惯。而就在这家公司忽略这群客户时，银行等其他金融公司赫然登场。他们发现了这一渴望有人为他们制订整体金融方案的群体，于是就开始为他们提供包括年金在内的一揽子服务计划。

我们的客户说，他们95%的客户销售资源都集中在争取新客户上。从管理学角度看，这的确是一个令人眼前一亮的百分比数值。但是，如果考虑该公司的背景环境，我们就会发现上述的销售业务大多是针对22岁刚刚开始工作的年轻人。也就是说，公司3 000多名年金顾问几乎把所有的时间和资源都放在了讨好这些年轻的顾客上面。而我们对变老这一现象的研究结果中，最笃定的发现就是22岁的人是"看"不到死亡的：死亡的确是一个无法辩驳的事实，但是对于22岁的人来说，死亡似乎与他们毫不相干。他们最关心的是派对、音乐会和其他活力四射的活动。所以在他们的生活中，年金没有任何意义。

我们在分析销售人员的工作日程表时发现，他们与 20 岁左右的年轻潜在客户的会面，有 70% 都是在见面的前一天被临时取消的。这些年金顾问会见对公司产品不感兴趣的人、和他们讨论他们不在乎的事，无疑是对其时间和公司成本的一种巨大的浪费。与此同时，那些渴望并乐于参与年金业务中的年长客户却被这家公司所忽略。这一切只是因为这家公司固执地认为，长久以往的惯性会让这些年长的客户保持原有的金融投资模式。

在发现这一现象之后，我们就为该公司提出了一些企业经营方面的建议：年金顾问可以用数字化的方式联系年轻人，这可以省去和他们会面的时间。公司应该把全部的时间和财力都投入那些正在感受岁月流逝，渴望能进行财务规划的年长客户身上。

将意会发现的独特洞察应用在商业经营上之后，我们的客户增加了对养老金和保险金产品的投入，提高了顾客参与程度。最重要的是，在我们的研究结束后的两年中，其客户流失率降低了 80%，同时客户服务的成本却没有增加 。

我们的客户发现，大家围坐起来谈论变老的意义是非常有商业价值的。因为对你的客户重要的事，理应受到你的重视。

海德格尔和情绪

生而为人意味着什么？我们在这个世界上是如何体验自我的？我们的意义从何而来？如果想深入讨论这些深奥的问题，人文知识绝对会为我们指明方向。我们大多数人不会在某个星期二打开卷帙浩繁的哲学书籍，但是这些书籍却可以成为我们的宝贵资源，帮助我们把一个问题重新定义为一个现象。

接下来我要举一个把现象学用于实践的例子。我们最近引入了海德格尔的情绪理论，来帮助我们完成了一个涉及超市的商业挑战。海德格尔在其重要著作《存在与时间》中，不仅将情绪定义为一种认知或心理现象，而且将其定义为在我们不自知地投入某个世界时，那些突然"攻击我们"的东西。例如，心情不好时，我们会把整个世界看作一个沉重的负担。这会影响我们可能会做的事，以及我们以什么方式来做事。海德格尔把这种情绪心理称为"Befindlichkeit"，字面意思就是"人发现自己可能所处的状态"。在他看来，情绪就是现象。通过这种现象，人们可以适应他们所处的不同环境。也就是说，一种情绪既不是来自外界，也不是来自我们自己，而是来自我们在世界中的存在。

但是这与商业世界有什么关系呢？或者更具体一点，这与增加欧洲最大的连锁超市之一的收入有什么关系呢？正如你将会看到的，海德格尔的理论绝对不是深奥晦涩的。实际上，他的理论为重大的公司重组奠定了理论基础。

人们是如何体验烹饪的？

我们最近和一家欧洲大型超市品牌进行了合作。同当前许多大超市品牌，如沃尔玛和乐购一样，这个品牌也陷入了困境。整个社会一直在改变其对购物、食品和烹饪的态度。该品牌的公司架构中包含许多不同类型的超市，公司努力想了解社会到底发生了怎样的变化。该品牌在他们所在的地区拥有 40% 的市场占有率，但同时这一比率正在下滑。特别是随着餐饮文化的改变，他们已经不可能再获得更高的市场份额了。于是，他们就想设法鼓励来到商场的顾客增加消费。他们曾希望通过推广更健康的有机产品来实现这一目标。然而，他们不知道应该从何处入手。

我们的意会是从调查这个超市的文化开始的：该公司是如何理解世界的结构的，其背后又有哪些前提假设？"以超市为中心"的观点意味着什么？这家公司掌握了大量的管理学方法论知识。他们了解顾客来超市购物会发生的种种事情，他们知道每个顾客的采购利润，以及星期日下午采购高峰时所需提供的停车位数量。他们对价格点或库存单位（SKUs）掌握透彻。此外更重要的是，超市完全了解他们的"细分目标群体"。他们可以提供不同类型购物者的抽象细分模型，例如傍晚时分，这些 25~38 岁之间的上班族女性通常会购买什么产品。他们也知道货物通道需要多大尺寸，还知道他们可以扩大有机农作物货架的占地面积，来提高顾客的消费额。

所有这些技术层面的知识，为他们提供了实用的帮助，但是这种帮助相当有局限性。作为超市硬数据领域的专家，他们对顾客的体验又真正了解多少呢？他们知道顾客回家后是怎么处理所购买的食材的吗？在意义链中，超市只是人们实现烹饪的一种手段。

于是，我们的客户将原来的管理学问题——如何提高顾客的人均销售额——重组为一个现象：人们是如何体验烹饪的？

上一代的人倾向于通过大房子、豪车或者时尚服饰来展示其社会地位。如今却不然。现在的城市居民对张扬地炫耀财富不感兴趣，而对食物的体验已成为他们彰显社会地位（社会学家皮埃尔·布尔迪厄称其为"社会资本"）的重要手段 。人们希望可以谈论烹饪，他们想指定当地的农场来为自己养鸡，他们想知道发酵面粉和烘焙面包的方法，他们想学会如何为美食搭配合适的酒。

在针对城市中的妈妈群体进行意会研究时，我们对此深有体会。我们在研究项目中观察、采访的每一位母亲都希望能为家人奉上新鲜健康的晚餐，她们也希望一家人能围坐在餐桌旁享用美食。然而，我们的研究团队在不同调查区域拍摄了数千张晚餐餐桌的照片后，发现每一张餐桌上都摆满了与饮食毫不相关的物品。大多数物品都是属于工作这一世界的——笔记本电脑、文件、账单和家庭作业。更重要的是，在研究中我们没有发现任何一位研究对象可以说出他或她第二天晚上打算做什么晚餐。我们拍摄的一个购物清单很好地表明了这种无计划感。

```
购物清单
1. 胶水
2. 肥皂
3. 晚餐
```

意会验证了我们很多人在日常生活中已察觉到的东西：生活和工作是流动的。人们几乎不可能以一种理性和线性的方式来思考自己的每一餐。在城市生活的人，很少会每天下午5点下班回家，6点坐下来吃晚饭。而会提前计划晚餐吃什么，然后去超市按购物清单采购的人就更少了。

虽然人们对这些现代生活引发的压力司空见惯，但是以超市为中心的思考角度却让我的客户看不到这些事实。超市文化背后的假设，是购物者的采购单上会标明每一餐所需的所有东西——洋葱、蒜、鸡肉……他们唯一要做的重要决定就是选择去高价或低价超市选购而已。通过了解现象学和家庭的实际生活，我的客户能够跨过原来的假设，看到事实真相：人们不是有意识按照预设好的方式购物的。他们没有"想"过这个问题，而是凭直觉和心情购物。

意会发现的一个情绪就是"傍晚急购"，我们在研究中观察到的每一个人都是以这种情绪去超市采购的：现在是下午 5 点了，孩子们都饿了，我们需要快速地买点东西当晚餐，再买一些方便食品当早餐。这时，购物者希望商店可以做到指示清晰，同时还能提供快捷、健康的晚餐供他们选择。

傍晚急购并不是顾客唯一的情绪。意会还发现了另外一种具有启发性的情绪：当家里有客人要招待时，购物者喜欢看到超市员工穿着主厨的衣服示范做菜，他们想看到橱窗展示出一些让人兴奋的菜肴和新的烹饪趋势。他们渴望的是变化、活力、为他们精挑细选的产品和一个让人兴趣盎然的故事。

借用美国人类学家克利福德·格尔茨的理论，意会向我们揭示了超市实际上是一种为烹饪文化而布置的舞台。超市不是一种以食物为推动力的优化系统，相反，超市需要为这个食物的舞台营造出不同的氛围。早上，刚出炉的面包和现煮的咖啡诱惑着购物者，欢快的音乐和明亮的灯光为上班的人注入活力。到了晚上，人们渴望的是令人垂涎的气味和温暖昏暗的灯光，想要更多的工作人员提供更快速的结账服务。于是在傍晚急购来临之前，清洁人员入场，将早餐食物换成装点晚餐餐桌的鲜花，并确保超市的每一个细节都让人觉得温馨、有吸引力。

一旦将超市视为食物的舞台布景，新的商业想法就会应运而生。

为了让每一家店都体现出当地的特色，与周围社区紧密联系，我们的客户开始利用科技手段，在超市经理和常客之间建立起联系。可以想象，一个开车带着三个孩子的忙碌母亲，在下午 4 点半时收到一条短信：你好，我是弗朗克，本地超市的经理。我知道您一周会来我们店里购物 5 次。我们刚刚来了一批加拿大出产的三文鱼，非常新鲜，同时还有我们店内食谱所列出的其他配菜，您想预留一份吗？我可以事先为您准备好，您只需要开车来我们的免下车窗口取就可以。

2016 年，我们的客户深受意会的启发，围绕"傍晚急购"这一概念开了三家试点超市。他们计划在 2017 年再开设 40 多家这样的店。他们还更新了电子技术，实现了新的会员计划和在线食品平台。然而，公司最大的转变在于他们对消费者情绪的处理方法：他们不再用价格点模型将其店铺和品牌分为"高端"或"低端"，而是开始整合旗下品牌，关闭了一些目标顾客重合的超市。以情绪为导向的战略讨论为公司 2017 年及以后的市场定位指明了方向。他们不再测量、追踪顾客购买商品的数量。当我们把顾客到超市采购重新定义为一种烹饪体验时，我们就会明白我们所处的环境是如何影响我们的决定的。

超市，无论大小、无关类别，都可以为购物者提供他们所追求的购物体验。

* * *

这些故事说明了我本人和意会的联系，也说明了意会的运用方法。虽然意会过程因人而异，但所有的意会行为都要求其实践者将自己的某些东西代入工作之中。这是一种需要我们各个部分，包括情感、智力、精神都参与的活动。因此，我们绝对值得拿出一些时间来谈一谈同理心和意会的关系。

我所说的"同理心"，是指我们在了解别人的世界观或者文化时所采用的情感和技能。当我们阅读莎士比亚的伟大剧作，欣赏贝多芬的交响乐或者整理人类学研究的田野记录时，我们并不总是熟悉我们所面对的世界。这就是为什么进行意会过程所需要的同理心——我称之为第三个层级的同理心——与我们每天与朋友或家人交往时体会的同理心不同。实现第三个层级的同理心需要更具分析性的、以人文知识为依托的架构。

同理心的三个层级

海德格尔派哲学家认为，人类同理心的最基本形式，也就是第一个层级的同理心。我们几乎很少讨论这种同理心。就像艾丽丝·门罗笔下的"孢子"一样，我们和周围的环境越来越纠缠不清。英语不是我的母语，所以我在语言方面体会到了此类同理心。每当我用错词语时，往往很快就会有人用正确的方式再使用一遍这个词，来帮助我理解这个词的正确用法。我在每一个拜访过的公司或机构都看到过同样的同理心。任何一个人进入某个组织后都会融入某种特定的风格或者规范之中。比如，我曾经拜访过一家时尚公司。员工们都身着黑色的基本款衣服，但是他们会在着装的某些细节上追求完美，来体现他们的不同之处。相反，在一些营销机构里，人们身着更合体的西装，使用的语言也更模糊。

有些人说第一个层级的同理心解释了我们作为社会性动物的一种生存方式。也有人把这种共享的世界称为我们的"结构"，或者我们构建现实生活的准则和价值观。社会学家和人类学家对这些结构的研究已长达一个多世纪之久，他们一直想弄清楚，这些结构究竟是一成不变、永恒存在的，还是不断改变着的。但是对意会而言，我们需要了解的是人们几乎不会注意到或者谈论这个层级的同理心。

通常我们注意到事情不对时，就会触发第二个层级的同理心。当某个朋友表现出不同以往的情绪时，我们会琢磨：她怎么了？她在担心什么？她是不是难过了？是不是我们说错了什么？人们对达·芬奇的画作《蒙娜丽莎》的好奇心，就是第二个层级的同理心的有力佐证：在那似笑非笑的面庞背后，她在思考什么？是无心的戏谑还是有意的沉思？我们很难将她的面部表情与其所在的背景环境统一起来。当我们试着理解，却发现很难真正理解她究竟在想什么时，第一个层级的同理心就会上升至第二个层级的同理心。

如果我们开始进入理解的过程，那就要进一步上升至第三个层级的同理心，即分析性同理心。这种更为深层、更加系统的同理心需要理论架构和人文学科的知识作为支撑。这就是意会：马克·菲尔兹用它来理解新一代的福特汽车用户，这也是一位历史学家在研究美国南北战争时所采用的方法。她通过系统地收集那一时期的资料和实证——图片、剪贴簿、工具和新闻——来了解当时到底发生了什么。但收集研究材料仅仅是一个开始，她还要依据其他学者的作品构建出一个背景框架。她必须验证和评判这些数据的重要性，把数据放到理论框架之中。当时的权力结构、性别角色、美学、科技和信息系统，都是历史学家用来分析数据的主题。如果没有框架支持，数据可能只称得上是新闻或报告。理论，最终使洞察力得以显现。

幸运的是，我们拥有浩如烟海的人文和社会科学理论，可以为理解性、家庭、权力、社会角色、艺术、音乐和小说在社会中的作用提供框架依托。一旦人类学的厚数据，如田野记录、图片、期刊和采访被整理、筛选，我们要做的就是找出所有数据显现出的重要模型。好的理论会成为识别出这些模型的框架。最终，一两个理论会将这些原始数据带入我们的视线。于是我们就获得了具有解释力的洞察发现：对现象更为深刻广博的理解。

下面我会介绍几个事例，来展示上述过程是如何得以实现的。这些"意会应用"可以让我们快速了解人文和社会科学理论是如何应用于现实情况的。

六个意会应用

1. 符号和象征理论

理论

研究社会生活中的符号和象征的符号学，一直是理解人类行为的非常重要的一部分。但是符号对不同的人来说不一定代表着同样的事，这也是为什么研究者会将符号分成两个部分：符号本身和符号的意义。两者之间的联系往往是杂乱随机的。一朵玫瑰（符号本身）对一个人来说，可能意味着爱（符号的意义），对另一个人来说可能意味着死亡。每个人都会根据自己的背景和情况赋予符号以意义。

该理论在现实中的应用

　　一个老牌的法国时装公司想要探求出几种可以迎合如今女性高端时装消费者人群的象征符号。我们的这家客户公司假设，他们的顾客希望看到象征"十全十美的女性"的符号。这些"十全十美"的符号能彰显女性既事业有成，又家庭幸福。在他们斥巨资制作出的商业广告和短片中，都出现了年幼的孩童和光鲜的事业共存的场景。

　　在一项意会研究中，我们观察了香港、洛杉矶、上海、巴黎、纽约、新德里和金奈等不同城市的女性，发现体现"十全十美"的符号并没有让这些女性产生共鸣。诚然，这些符号构成了女性生活的一部分，但是它们却没有充分解释为什么这些特定的女性会喜欢高端时装并受其鼓舞。相反地，研究显示，目标消费者女性对一组完全不同的符号和象征更感兴趣，其中许多符号和象征来自过去，指代那段更为"浪漫"的时光：手写的信笺、丝绸家居服、牡蛎壳、一串串珍珠。它们富有诗意和美感，传递了一种对更多生活魅力的渴望。对这些女性来说，时装与获得生活的平衡无关，而是一种能为现代生活注入诱惑和魅力的工具。

2. 心理模型理论

理论

　　政治哲学家厄尼斯特·拉克劳（Ernesto Laclau）和尚塔尔·墨菲（Chantal Mouffe）的心理模型理念根植于话语理论中。这是一种分析工具，用来研究词语所处的上下文，以及词语获得意义的不同方式。比如，不同的政治家对"自由"一词有完全不同的理解。对一个社会主义者而言，自由意味着每个人机会平等，与团结的理念紧密相关；

而保守主义者则认为，自由意味着个性，意味着赋予个体机会。

该理论在现实中的应用

我们和可口可乐公司合作，帮助它们了解中国瓶装茶饮料市场的情况。该公司的企业文化是以美国南部的亚特兰大地区为根基的。对于这个地区的人来说，茶这个词意味着和烧烤绝配的一种清新香甜的饮品。在这一文化中，茶充满了各种添加物：糖和咖啡因，以便在下午晚些时候帮助人们提神。

然而，从话语分析和心理模型理论的角度考虑的话，可口可乐公司发现，茶在中国文化里意味着去繁就简。而且，茶在中国文化里像是一种冥想，是人们用来呈现真实自我的一种工具。品茶可以减少像噪声、污染和压力等纷杂困扰。当可口可乐公司最初以水果味的茶饮料进入中国市场时，没有激起一点水花。直到该公司采纳了这种完全不同的饮茶理念，它们的瓶装茶饮料才在中国市场获得了相当可观的市场份额。

3. 尼克拉斯·卢曼的社会系统理论

理论

德国社会学家尼克拉斯·卢曼（Niklas Luhmann）是 20 世纪最重要的社会理论家之一。他提出，所有的职业文化都是围绕着二进制代码而建立的。对律师而言，一个行为是合法的还是非法的十分重要。而记者更想知道一个故事是存在还是不存在。这些文化代码可以从某一方面解释，为什么不同的职业世界之间会相互误解。工程师认为设计师是艺术的、不系统的。设计师则认为工程师是死板的、内向的。

该理论在现实中的应用

我们曾和一个医护人员及其管理者的团队合作。管理者从官僚世界的角度出发，认为成功关乎"有成本"或"无成本"地实施护理。医护人员则更关心"好的护理"或"不好的护理"。这种二进制代码之间的脱节在很大程度上解释了，为什么人类系统中会存在冲突。

首先，我们要了解在这一文化中，造成误解的根源是这两个二进制代码——成本 vs 护理，只有这样我们才能在两个世界之间建立起理解之桥。

4. 欧文·戈夫曼的拟剧印象理论

理论

加拿大社会学家欧文·戈夫曼（Erving Goffman）的《日常生活中的自我呈现》一书是其在文化人类学领域的创造性研究成果。书中描述了个人是如何在社会互动中进行印象管理的。他将舞台概念引入社会互动中，把我们进行公众表演的空间称为"前台"，把我们有意卸下表演的地方叫作"后台"。他认为人们在前台的成功程度，取决于其在后台的隐私保护和修整情况。

该理论在现实中的应用

我们曾和一个家电制造商合作进行意会研究。我们发现美国得克萨斯州北部和纽约三州地区的家庭出现了两种趋势。一方面，我们发现他们越来越多地采用开放式空间设计，减少墙体和隔断，加强了房子内部空间的流动性。同时，我们还发现，这些家庭都增加了对主卧室和其他私人空间，如车库、食物储藏室等的投资。

援引欧文·戈夫曼关于生活剧场、公共空间和私人领域的理论，我们就能理解为什么这两种趋势会同时存在：现在家庭的客人越来越多，家也越来越像一种公共空间，于是人们就不得不加大对私人空间的投资。我们的家电制造商客户更关心家庭洗衣房的空间发展趋势，他可以把对此的理解应用到和设计师、建筑师、开发商和房主的沟通互动上面，更好地发挥其作用。

5. 互惠理论

理论

1972 年，美国人类学家马歇尔·萨林斯（Marshall Sahlins）提出了他的三种互惠模型：消极互惠、平衡互惠和一般性互惠。萨林斯认为：消极互惠，是人们为了获得更多的回报而给予；平衡互惠，是人们为了获得同等的回报而给予；一般性互惠，则是人们在给予时，并不期待立刻得到回报，因为他们相信日后会有更多的收获。

该理论在现实中的应用

我们曾与美国一家大型博物馆合作，帮助它们改进其会员制度。这家博物馆拥有大量的访客和很高的效益，但是他们希望把这些访客转化成忠实的会员。甚至，他们希望访客可以变为慷慨的捐赠者，这对博物馆的资金来说非常重要。萨林斯的互惠理论，尤其是一般性互惠理论，帮助我们更为清晰地认识这一现象。

我们通过意会研究发现，会员把他们与博物馆的关系定义为一种交易。他们常说："会员身份本身就是一种消费优惠。"博物馆以优惠券等形式给会员的回馈更加强化了这种观点，但这种交易模式是无法培养慷慨的精神的。于是我们和客户一起，把会员制度从原来的消极互惠转变为一般性互惠，或者叫信赖互惠。他们鼓励会员将给予视为一种利他主义，一种加强自身与艺术文化联系的投资，鼓励会员给博物馆捐款。这样，我们的客户就有了招募会员的战略目标，这一目标不仅适用于现在，也适用于未来：它让会员制度成为一种关系投资，而不是一场交易。

6. 路德维希·维特根斯坦的语言理论

理论

路德维希·维特根斯坦（Ludwig Wittgenstein）认为，我们的大部分语言不是通过词语表达的：重点在于观察，而不是表达。例如，当我们观察两个泥瓦匠砌砖墙时会发现，他们做的每一件事都是通过非语言交流的。如果我们只关注他们使用的语言，就会一无所获。"不要想，要看。"维特根斯坦告诫读者。

该理论在现实中的应用

我们做了一项研究，调查为什么恐怖分子要烧毁阿拉伯国家的丹麦使馆。我们很容易从自己文化视角出发，提出对事件的看法，并且只关注我们自己对这些事件的理解。例如，我们很可能会快速地下结论，认为这些都是恐怖分子发动的无意义的暴力行动。

然而，如果我们从观察入手，就会注意到非语言沟通，正是这些非语言沟通构成了我们走访的中东地区的现实结构。在完全沉浸于这些社区的世界之后，我们开始感受到经济停滞给这里带来的沮丧情绪。他们对《古兰经》的信仰让他们相信自己的社会和文化终将蓬勃发展、欣欣向荣。然而环顾四周，他们只能看到萧条和贫困。两者之间的落差导致了这些地区的文化冲突，其中就包括烧毁大使馆事件。我们没有急匆匆地预设立场，而是从尝试理解研究对象入手。这使得我们能在研究的后期提出更有意义的结论。

* * *

上述理论的应用实例，可以说明意会是如何在现实中发挥作用的。毋庸置疑，一个人越多共情地投入书籍、艺术和音乐之中，就越容易在识别类型之时有更多可仰仗的知识。我只是概括了几个在工作中帮助我获得洞察力的理论。然而，归根到底，意会是一种完全个人的体验，越是沉浸在艺术的丰富世界和理论的海洋中，你就越能破解文化的奥秘。

我们怎么才能对那些秘密保持开放的状态，而不是急于求成地想要解决它们？我们怎么才能理性地分析那些没有被彻底认清的人类行为问题？这是意会的最高境界：创造力经由我们得以呈现，而不是源于我们。

第六章

原则四：要创造，而不是制造

写小说是一种很可怕的经历。在这个过程中，你会脱发、损伤牙齿。每当听到有人说写小说是对现实的逃避时，我总会非常愤怒。写小说是一头扎进现实之中，它会让整个体制感到震惊。

——弗兰纳里·奥康纳，《奥秘与风俗》

关于领悟的故事

1910 年，一位 23 岁的诗人坐在桌旁，用手里的笔来描述他对周遭世界的感触。借由笔下一遍遍重复着日渐空洞的生活仪式的中年男子之口，他吟唱出但丁的《神曲·地狱篇》，作为诗作的开篇。他笔下的主人公和莎士比亚笔下的哈姆雷特一样充满了矛盾，对所有行为都感到麻木、无能为力，甚至就连吃面包或喝茶这样的事情都变成了一种存在危机：

> 有的是时间，无论你、无论我，
>
> 还有的是时间，犹豫一百遍，
>
> 或看到一百种幻景再完全改过，
>
> 在吃一片烤面包和饮茶以前。[①]

我在重读 T.S. 艾略特的《普鲁弗洛克的情歌》时，某种情绪油然而生，脑海中不由浮现出普鲁弗洛克走过的街道。我纠结于他脑中的种种幻象，感同身受："我要把头发往后梳吗？我敢吃桃子吗？"我知道生活在刚步入现代的欧洲是怎样一种感觉。那时的欧洲，神祇都逃散无踪，人类的行为没有一丝一毫神圣崇高的意味。在普鲁弗洛克

---

① 查良铮译，选自《T.S. 艾略特诗选》，[英] T.S. 艾略特，查良铮、赵毅衡、张明等译，四川文艺出版社，1988。

的世界里，文化习俗的根基已经破裂，剩下的只是无止境的、杂乱无章的各种空洞的仪式——"吃片面包、喝杯茶"。当他说"不！我并非哈姆雷特王子"的时候，"生存还是毁灭"这样的存在性问题也就变得无关紧要了。

1914年，艾略特完成此诗的一年之后，弗朗茨·斐迪南大公在奥匈帝国的萨拉热窝被刺杀。当艾略特落笔写诗之际，整个世界正在通过战争进行重组。俄国、比利时、法国、英国和塞尔维亚正在联合起来对抗奥匈帝国和德国，冲突无处不在。当时被视为欧洲诸城中最现代化的伦敦城，就是艾略特创作此诗的背景，也是普鲁弗洛克散步的地方。艾略特质疑所有的一切，甚至怀疑表达本身的可能性：

> 那么，归根到底，是不是值得，
>
> 是否值得在那许多次夕阳以后，
>
> 在庭院的散步和水淋过街道以后，
>
> 在读小说以后，在饮茶以后，在长裙拖过地板以后，——
>
> 说这些，和许多许多事情？——
>
> 要说出我想说的话绝不可能！
>
> 仿佛有幻灯把神经的图样投到幕上：
>
> 是否还值得如此难为情，
>
> 假如她放一个枕垫或掷下披肩，
>
> 把脸转向窗户，甩出一句：
>
> "那可不是我的本意，那可绝不是我的本意。"①

---

① 查良铮译，选自《T.S.艾略特诗选》，[英]T.S.艾略特，查良铮、赵毅衡、张明等译，四川文艺出版社，1988年。——编者注

诗本身的每字每句都为我们展现了另一个世界。在艾略特之前的浪漫主义作家都迷恋于描绘自然之美，而艾略特则开启了一种全新的理解诗歌的方式。他采用自由诗体和意识流，并弱化了作家解释自身经历的能力："那可不是我的本意，那可绝不是我的本意。"

艾略特看到了别人看不到的东西。他把零散的结构、俗语、流行文学与"高雅的"文学典故相结合。他能感受到高雅文学和低俗文学的碰撞，他意识到了一个新的时代即将来临，并把这种新形式表达了出来。从很多方面来说，是他一手创造出了这种新形式。这就是创造性的最佳体现：是一种开启新世界的行为，一种揭示全新的存在方式的行为。因为艾略特，我们的文学对诗歌中的"我"这个词以及日常生活中的"我"有了全新的解读。这一创新使艾略特跃然成为20世纪最伟大的英语诗人。

* * *

在大洋彼岸，另一个年轻人也在阐述自己对这个现代社会的看法。然而，与艾略特不同的是，他对未来充满了乐观。1863年，他出生在一个由独立农场主以及自给自足的手工匠人组成的传统社区。这个年轻人看到了20世纪早期形成的社会分裂：与他同时代的年轻人越来越多地流向城市，在发展迅猛的工厂里工作，或者在美国新兴企业的办公室里做白领。"工作"这一概念发生了质的变化。人们不再是日出而作，也不再顺应四季进行农业劳作。"工作"也不再意味着独立的土地所有者或者手工艺者所奉行的自给自足，或技艺和知识的代代相传了。与前几代人相比，20世纪初的工厂或公司里的工作，虽然回报更高但也更乏味单调。这样的工作体验，让年轻人把省下来的时间和金钱都投入了周末生活中，同时也引领了一个休闲和流动的新时代。昔日维多利亚时期的节俭、谦逊等价值观与社会等级都成了历史。随之而来的新时代，以令人兴奋的电影、赛车和拳击等通俗文化娱乐项目为特征。这个年轻人从中看到了无限潜能。作为文化变革的一部分，他梦想着发明一种价格合理的非马力驱动的四轮车，供那些周末找乐子的人使用，最好是连工资不高的工人都承担得起。这个年轻人，就是亨利·福特。

　　显然，现在的我们很容易忽略福特在 20 世纪初提出的"无马四轮车"的想法是多么独特。就在他忙着摆弄那些各式各样的模型的时候，无独有偶，底特律有数百位工程师和机械师心怀和他相同的梦想，希望能开发出一款让自己一战成名的汽车。实际上，福特绝对称不上是天才型的工程师，也不是最具能力的管理者。最初，他主导的几个无马四轮车项目都因为没能按时向投资者交付产品而夭折。福特的独到之处，体现在他意识到了正在兴起的庞大休闲族的需求和渴望。几个富有的投资人向他施压，要求他生产出面向奢侈品市场的车型，但这样的车只是供精英阶层把玩的展示品。而福特是笃定的平民主义者，所以他顶住了股东的压力，坚定地要生产一款能让所有人自由移动并且价格合理的汽车。福特感知到，在这个新美国，外出游玩将会是人们的一种基本生活状态，而汽车将会是其基础。

　　为了实现自己的构想，福特需要找到一种更低廉的汽车组装系统。和艾略特一样，福特看到了其他人没有看到的东西。有一次，他经过一家屠宰场，看到生产线上的工人正在把猪肉分割成块，他顿时灵光一现：同样的生产线也可用在汽车生产上，这会比整体生产汽车更经济、更快捷。

1908 年，福特的 T 型车上市之时，美国全境只有 18 000 英里的公路。他推出的汽车不仅轻盈，而且易修理、易保养，最重要的是，每台汽车的售价仅 825 美元，经济实惠。该款车在 1927 年停产前，总销量高达 1 500 万台。围绕着移动和消费这两个价值观，T 型车催生了美国一种全新的生活方式。

* * *

本章在开篇就对比了艾略特和福特，他们分别是伟大的英语诗人和美国著名的工业家，大家也许会觉得奇怪。但实际上他们都有着相似的天赋——敏感。他们两个都感应到了现代社会的情绪。尽管一个有些悲观，一个极度乐观，但艾略特和福特都在各自的世界揭示了全新的、超乎想象的可能性。他们之间相通的天赋，使他们都对洞察力保持着开放的状态。这是整个意会过程的核心，也是创造力形成的典型状态。让我们多花一些时间来仔细研究一下创造力是如何产生的吧。我们从现象学的角度来提出一个问题：人究竟是如何获得创造力的呢？

赐予 & 意志

赐予

日常对话中，我们是怎么表达创造力的呢？我们会说：我有主意了，我有想法了，或者说我知道了。我们不会说：我创造了这个想法，或者我得到了这个想法。这些看似微不足道的语义学上的不同，其实是很有说服力的。我们获得的想法，实际上是我们从外界得到的，而不是我们从内部创造出的。

想法，就像是这个世界赐予我们的礼物，而不是我们在需要之时通过意志力就可以创造出来的。当然，想法的产生肯定离不开我们的努力和付出。我们在选定的专业领域接受培训、潜心钻研，如果你没有花几十年来研究数学，就不太可能解决一个世界闻名的定理。然而，在付出了所有的努力，在花费成千上万个小时完成该做的工作之后，是否能有所领悟就不是我们能控制的了。

这就是我为什么会选择用"赐予"这个词来描述创造力的产生。虽然这个词会让人联想到神的存在，但是我对该词的理解与任何宗教或者神灵无关。我认为，赐予意味着我们对周围的世界持有的是一种积极和乐于接受的心态。赐予所表示的是，只有我们对周围的环境以及理解他人和其他文化持开放的态度时，我们才能获得见解或洞察力。创造性的见解并非"来自我们"，而是来自我们生活的外部世界，最终"经由我们"被获取。伟大的作家、音乐家、发明家和企业家已然明白这个道理。著名的心理学家沃尔夫冈·柯勒曾经用"3B"来解释创造力：公交车上、浴室里和卧室床上[①]。柯勒认为，这三处都是创造力显现的地方，因为这三个环境非常容易让人处于一种开放接纳的状态。

海德格尔把这种创造力显现的行为称为"显现自身"（phainesthai）。虽然这个来自古希腊语的动词对今天的读者来说有些晦涩，但是海德

---

① bus, bath, bed，这三个词的首字母都是 B，故而得名。

格尔认为，该词是唯一能说明创造力这一现象的词汇。在古希腊语中，phainesthai 是一个中动语态词（middle voice），也就是说它既不完全表示主动，也不完全表示被动。当我们和周围的环境融为一体，与构成我们存在的意义链及事物密不可分之时，它就会表现出我们的特征。和赐予一样，"显现自身"抹去了主体与客体的区分：它既不是事物自身的行为，也不是我们对事物做了什么，而是产生于我们与事物的相互联系之中。因此，事物并不是由我们揭示的，而是经由我们显现的。

也许有人会想：我受够了这些文字游戏。请别着急。因为我们如何理解创造力，以及我们用什么词语来表述创造力，确实对我们的日常生活有现实意义。我们如果用错误的模式来理解创造力，就会关注错误的东西，最终导致我们无法预见非线性的变化；我们与生俱来的、从量化信息中提取意义的本领就会钝化；我们会把所学的知识和学问，分解割裂成一个个细小的物体。总之，我们会失去意会的重要特征——整体思维。

在本章中，我会介绍一些我知道的最具创造力的人物，并通过现象学的解释来展示他们的创造过程，向你展示意会的最终阶段。

但是，在我开始正题之前，还是要稍微偏题，讲一讲我们是如何错误理解创造力的。

意志

如果"赐予"才是准确地解释我们是如何获得创造力的词语，那么"意志"这个词就是人们提到创造性突破时常常会联想到的词。我们很多人以为，想法是一个头脑生产线上必然会产出的产品，即只要按照一个严格的流程进行，我们每时每刻都能生产出创造力。我们只要依靠意志形成想法，就可以把这些想法大批量生产出来。我们把想法视作独立分割的细小物体，可以不去考虑其背景环境。意志这个词可以追溯到我们对笛卡儿的批判。笛卡儿认为我们在处于分析思维时，可以和周围的世界相割裂，即主体和客体相分离。

　　人们错误理解创造力的最极端的例子，就是当前人们对设计思维的痴迷。如果说，硅谷思维是人们因为对硬科学的迷恋所导致的，那么相对的，湾区文化则是以对"设计流程"的迷恋为特点的。湾区文化认为自己和硅谷工程师们的文化不同，更具创造性和艺术性，但实际上，这种文化的意志创造力思想对我们知识价值观的损害比前者有过之无不及。那么到底什么是设计思维呢？不管设计思维的拥趸试图让我们相信什么，它实际上和人文思维毫无关系。让我好好地解析一下设计思维，或者我更愿意称其为"谎话连篇的龙卷风"。

设计思维：谎话连篇的龙卷风

　　在过去的 20 年，设计师的地位直线攀升。他们曾经是热衷于形状、材料和字体的手艺人。如今却跃然成为先知哲人，为社会保障、犯罪预防和消灭疟疾等各种问题提供解决之道。究竟是什么样的知识储备让他们可以在这么多领域高谈阔论？实际上，依照设计思维，他们根本不需要任何知识。设计思维的拥护者认为正是因为他们缺乏专业知识，他们才能够和消费者建立起联系。设计师们相信，因为他们不受专业知识的束缚，所以他们能生产出用户友好型的产品。依照这一理念，哪怕像"福利国家"这样复杂、历史悠久的概念都可以是一种"设计"。全球饥饿？教育改革？没错，你猜对了，这些都是"设计问题"，而它们的解决之道都是一个：设计思维。

最著名的设计公司、设计思维的圣地是由戴维·凯利（David Kelly）创建的 IDEO 公司。目前戴维·凯利还是斯坦福设计学院的院长。IDEO 公司常常被人提起，他们推出的家居设计产品随处可见，如苹果公司的鼠标、PalmPilot 公司的个人掌上电脑和立式牙膏管等。1999 年，晚间电视节目《夜线》（*Nightline*）播出了该公司的简介，这个 8 分钟的短片试图涵盖设计思维的各个方面，但实际上它们对真正的创新没有任何帮助。

1. 脱离社会环境的革新

"我们其实不是任何特定领域的专家，"戴维·凯利在《夜线》节目中说，"我们的专长是产品设计流程。所以我们不在乎人们让我们设计的是牙刷、牙膏、拖拉机、航天飞机还是椅子……对我们而言，它们没有区别。我们要做的是使用我们的流程来找到革新的方法。"

让我们暂停一下，想一会儿这句话——"牙刷、牙膏、拖拉机、航天飞机还是椅子……对我们而言，它们没有区别"。真是这样的吗？应该是这样的吗？你真的希望美国国家航空航天局的设计师和牙膏的设计师使用同样的设计思路吗？在 IDEO 公司的设计思维模式中，想法被看作一个个模块，完全脱离提出想法的人以及产生想法的社会环境。这类被原子化和模块化的想法可以不费力地被更改、解释，因为它们承载的信息量很少。

可是人是生存在不同的世界之中的，而这些世界里的事物通常是依附于环境，具有不同的意义，所以戴维·凯利的言论是在误导大众。我们无法忽略设计宇宙飞船所需要掌握的庞杂的知识。太空之旅涉及宇航员、火箭科学家，还有所有其他工程师，以及构成整个相关世界的所有事物。这些种种让太空旅行的文化，与农场主文化、拖拉机文化，以及美国家庭的浴室洗脸池文化完全不同。只有我们了解宇航员、农场主，或者想刷牙的孩子真正关心的是什么，才能真正了解他们所使用的物品或设备。我们绝对不能想当然地假定自己知道什么能让这些产品更好地服务用户。

2. 无知是福

2013 年，美国新闻节目《60 分钟》在介绍 IDEO 公司时，凸显了设计思维的另一个重点：设计思维认为专业知识和经验阻碍了革新。IDEO 公司喜欢把医生、歌剧演员和工程师聚集到一个房间，让他们开始头脑风暴。设计思维认为，任何人都可以有想法，想法可以来自任何地方。他们喜欢集体头脑风暴环节的多样性，因为他们觉得不同的角度和想法可以更好地体现他们标志性的"大胆想法"。只是这些大胆的想法属于哪一个世界范围呢？在设计师的世界里，这些想法看起来的确很有创意。可是如果这些想法脱离了产品和服务的现实社会背景，它们还能引起消费者的任何共鸣吗？

在 IDEO 公司，过程被奉若神明，所以他们总是重复一个词——"延迟判断"。在《夜线》那期专题节目中，如果有人在头脑风暴时批判别人提出的想法，就会有另外一个人按铃提醒。这种方式将专业知识视为创造力的潜在阻碍。对他们而言，最重要的是"源源不断地提出想法，并把它们贴在墙上"的过程，至于纸条上到底写了什么内容，就没那么重要了。

3. 深入消费者的内心

对于信奉设计思维的人来说，"以消费者为中心"是最重要的。这不是说他们喜欢离开他们在时尚都市里的设计室，出去探索其他的世界。而是说他们喜欢谈论同理心对设计出令人兴奋的产品有多么必要。他们会告诉你，如果你能深入消费者的内心，"你就能知道他们是如何选择商品的，这样你就能让他们爱上（而不仅仅是喜欢或购买）你的品牌、你的想法和你的灵魂"。说完之后，他们就会回到楼上的设计室，继续做他们充满激情的工作了。

设计思维的拥趸捍卫自己的理念，说他们花时间和人们在一起，观察他们，并对他们的境况产生了同理心。但是我宁愿把这比作"走马观花式"的人类学研究。他们所花的时间十分有限，通常只有一个下午。而且他们是带着预定目标来利用这段观察时间的，即我怎么才能"改善"这个物品的设计呢？带着这个狭隘的目标，设计思维者们从来都没有完全沉浸于任何一个世界之中，所以今天设计公司设计得每一款产品看起来都很相似。

4. 消除所有的痛点

与 IDEO 类似奉行设计思维的设计公司，声称要消除消费者使用产品或服务时可能遇到的所有"痛点"。例如，为了生产更好的酸奶，设计师会考虑人们在寻找、选择、打开和食用酸奶的过程中可能遇到的所有问题。虽然你一开始会觉得这个过程似乎没什么痛点，但设计师可不这么认为。他们认为，人们在超市里寻找酸奶是一种痛苦，和酸奶缺少情感联系是一种痛苦，打开酸奶包装时洒了满手酸奶也会是一种痛苦。一旦确定这些痛点之后，设计师就会遵循一定的流程来重新设计酸奶产品，消除整个过程的痛点。比如，设计师会建议在酸奶上加一个传感器，这样人们就可以通过应用程序快速地找到它；或者让酸奶变得个人化，在酸奶瓶上显示消费者的名字或是消费者上传的头像；他们还会重新设计酸奶包装，以有效擦去洒在消费者手上的酸奶。

遵循同样的流程，设计思维承诺要消灭所有领域里、所有社会结构中存在的痛点。设计思维的最终目标，是找出生活中所有的痛点并通过一个更好的设计来消除它们。

5. 由温和词句筑起的一道墙

与硅谷顽固的科学文化相比，设计思维自视为温暖而模糊的文化，所以其推崇者喜欢用人性化的词语来形容他们所营造的"氛围"。你很可能会在他们的对话里听到这一类的词语和表达：整体的、有创造力的、以团队为核心的、以人为本的、前瞻的、破坏性的、机敏的、快速的。你会听到"我们能改变世界"这样的话，但是和办公室里工程师口中的改变不同，他们这种改变是要"把人放回到中心位置"。你会听到"未来属于大众，我们必须摒弃孤独的天才这样的想法"。他们还一定会提到逆流而上的鲑鱼，而"激情"一词会贯穿整个对话。

在葡萄酒的世界里，如何称呼自己和自己的产品是有规矩的。只有用勃艮第出产的葡萄酿造出的酒，才能被称为勃艮第葡萄酒。只有有机种植的英国豌豆，才可以被贴上有机的标签。但是在设计思维的世界里，限制和规矩是不存在的。温和的词句围成了一道意味着权威的墙。既然专业知识没有什么价值，那么任何人都可以自称为"战略家""体验设计师""主讲人"。在设计思维中，这些各式各样的表达方式和头衔都暗含着一种意思：如果你的事业不想被新出现的事物打乱，那就听听设计师们的想法吧。

6. 回归商学院的停车场

为了避免这些温和的词句太过温和，信奉设计思维的人也会不时地使用一些商业世界的词汇，如"杠杆作用""投资回报率""商业模式"等。他们的想法是，创造的过程可能是一次大胆疯狂的驾车之旅，但是偷来的车总要还回商学院的停车场里。他们不时抛出来一些诸如"市场营销的四个 P"[①] 和"波特五力模型"之类的表达，好让人相信实用主义和理性还是占据其工作的中心位置。

* * *

当然，这样的例子不仅仅 IDEO 一个。出自设计思维的"意志创造力"影响着我们周围的许多地方，如今已俨然成为商业文化中关于

---

① 市场营销的四个 P，指产品、价格、渠道和宣传（Product, Price, Place, Promotion）。——编者注

创新的最重要的一部分。罗伯特·萨顿（Robert Sutton）在其著作 *Weird Ideas That Work* 一书中告诉他的读者："在创新过程中，无知就是福。"

甚至有人会辩解说，这种创造力模型是受卢梭哲学的启发：我们在天真无知之时创造力最强，只因我们不受恼人的规矩和权威的专业知识的束缚。克里斯·巴瑞兹布朗（Chris Barez-Brown）在 *How to Have Kick-Ass Ideas* 一书中这样写道："现在是该狂欢的时候了。"他认为爱玩和创意天才有直接联系。他说："当心里有疑问的时候，就说'啦啦啦啦啦'，然后来嘲笑这个世界吧。"

克里斯·巴瑞兹布朗的书代表了现在许多关于创造性思维书籍的特点——它就像是给学龄前儿童写的故事书一样。作者认为爱玩的敌人是那些声称自己"懂得很多"的专家，他把这些人戏称为"聪明聪明、想得多想得多"的人。

这样的词语给爱玩赋予了自由之意，暗示着工作和专业知识束缚了我们的想法。想要有创造力，我们就要从公司官僚主义、专业知识和理性分析中解放出来。真正的自由存在于孩子的世界里：开放、爱玩、好奇又自然而然。

最近，我有机会和这些"孩童般"创意天才之中的一位——"马丁"打了一天交道。我真希望自己从未遇到过"马丁"这样的人，可实际上遗憾的是，他们存在于每一次与创造性思维相关的谈话中。马丁代表着一群人：他们不去观察现实世界中劳累的工作，而是空谈一些流行词语，玩着空洞的身份游戏。马丁们将恐惧作为猎物，当办公室里每一个人都在担忧自己的事业、行业发展和"颠覆性创新"的总体情况时，马丁们就扮演着巫师一般的角色，跳着轻快的华尔兹登场了。

我从马丁们那里获得的最大收获，就是他们提醒了我：创造性思维和伟大的革新是需要历经一个极度艰难、让人坐卧难安的过程，既不保证一定会有所回报，也没有预定路径可循。实际上，在这个过程中，有的只是迷茫。我所认识的马丁们只会误事，因为真正的工作，即理解世界的真理，需要传统的思维。这可是马丁们在很久以前就放弃的事。

马丁解决问题的方法

我曾和一家全球性服装公司的战略团队一起工作过，该团队由公司的 20 名高管组成。我们马不停蹄地考察各个城市，从巴黎到伦敦，最后来到了纽约。在整整 5 天时间里，小组里的所有人都感受了每个城市的不同文化。我们要在一天后针对每个不同城市制定出该公司的新战略纲要和未来一年的产品介绍。

就在此时，马丁来了。

马丁是该公司纽约分公司设计部的一名新入职的员工，但工作经验丰富。他身穿做旧的深色牛仔，上臂有文身，30 多岁，散发出一种沉着冷静的魅力。在这最后一天，我们都是上午 9 点就开始工作了，但是马丁在下午 2 点才飘然而至。

负责公司全球战略的领导阿克塞尔打断了我们的讨论，欢迎马丁的加入。阿克塞尔很担心自己的工作。他所在的公司在同类公司中排名第二，但是目前每个月都在丢失市场份额，尤其是流失了许多来自西欧和美国大城市的年轻客户。阿克塞尔想知道为什么会出现这样的状况。他下的一个赌注就是从竞争对手那里挖来马丁这个明星设计师。

阿克塞尔说："很高兴我们可以请来纽约当地的代表帮我们制定新的战略。"

"嗯，我也非常荣幸今天能来到这里。"马丁说，他既然得到了某种非正式的允许，便侃侃而谈起来，"在这里我感受到了大家的激情，对我们品牌的激情。激情非常重要，激情是推动我们品牌前进的动力。你们不仅作为一个团队有这样的激情，每一个人也都有这样的激情。我非常欣赏你们的样子，充满能量。这是非常重要的能量。这种能量能推动品牌的发展。如果不花时间投入这些充满激情的讨论的话，我们就无法发展我们的品牌，品牌就不能进化。你们在这里组成一个团队，投入宝贵的时间来塑造我们品牌的未来。你们每一个人都贡献了激情和精力，我希望大家都可以享受这个过程。我感觉到你们确实是在享受这个过程。这很重要。"

屋里的气氛友好且开放，马丁继续说："我来这里是为了做出贡献。但是为了能继续表达我的看法，我首先要了解一下在座的诸位，了解你们是谁，从哪里来和你们的经历。你们能快速地介绍一下自己吗？"

我们都介绍了自己，整个过程用了大概 20 分钟。

主持会议的人紧张地看了看表，这时会议进程已经有些延迟了，但是新来的这位完全不在乎时间。每一次大家介绍自己之后，他还要问一个问题。

马丁在听了一轮自我介绍后说："现在我了解你们了，了解了你们每个个体，了解了整个团队。我了解了你们每个人为什么对这个品牌充满激情，但是我还不了解大家的此次之行。你们已经去过巴黎、伦敦和纽约，你们一定也遇到了一些给你们带来影响的人，让我也了解一下你们的旅行吧。如果想要我给出一些建设性的意见，我就要先知道人们还有哪些没有实现的需求，知道他们的痛点。大家能介绍一下目前自己的所知所感吗？你们遇到了哪些人？和他们谈论了什么？有何收获？"

这时主持会议的人建议由一个人在下一个中间休息的时候给马丁介绍这些情况。这个团队的负责人阿克塞尔完全同意。他对马丁说："很高兴邀请您来。我们很感谢您抽出时间来参加讨论，也很感谢您想给我们提出建议。但我想我们还是应该继续您来之前所做的工作，请尽您所能来帮助我们。稍后休息的时候，我们的人会给您深入地讲一讲之前的事情。"

马丁没有理会他的要求，他说："不要忘记提升品牌所需要的激情。不要忘记你们在这里组成一个团队的意义是多么重大。我们能改变消费者的生活，我们能通过设计消除他们的痛点，使他们惊喜，使他们愉悦。如果我们做不到这一点，就会落后于别人。"

屋里大多数的人都微笑地看着马丁。他俨然表现出一副魅力四射的布道者形象，他的脸微微上扬，神态从容。他想向我们传达的意思是，他正以教练的身份领导着整个队伍。

包括阿克塞尔在内的几个人开始感觉不舒服。他们尽量保持礼貌，但开始有些坐不住了，想把工作的重心从马丁身上重新转回到思考公司的战略上。

"我们的品牌有 90 多年的历史，"马丁说，"我们的前辈们开创了这一品牌，满怀激情地投身其中。我们站在他们的肩上，我们的使命是将其发扬光大，这就是为什么我们会坐在这里。我们的品牌每天都可以触及数百万人，并改变他们的生活。可是时代变了，当今的时代是众筹和股份经济的时代。这次经济革命比以前的任何一次都要猛烈。我们会拥有数字信息高速通路，我们会在未来几年赚取比过去几十年都要多的财富。"

为了渲染气氛，马丁停顿了一下，像是要从灵魂深处汲取下面要说的词句："千禧一代和数据湖的出现将改变我们所知道的一切。看看苹果公司和优步公司。我们可不希望自己重蹈出租车司机的覆辙，生活被彻底打乱，对吧？"

所有一切听起来既诱人又可怕，可是这些对我们的实际工作又有什么意义呢？阿克塞尔尽管担心时间不足，还是忍不住做了一些笔记。他在笔记本上写下了"数据湖"和"被打乱的出租车司机"，并在下面画了粗粗的下划线。

"让我们继续巩固公司的基石，并将其带入新的时代。"马丁泰然自若，似乎要继续说下去。

"朋友们，该进行小组合作了。"主持人打断了他，"大家在下一步工作中考虑一下马丁的讲话。马丁，你加入第二组。"

就这样马丁不得不放过我们，开始加入我们的工作。但是他也就愿意在短时间内遵守规矩。每一次所有小组在一起集中讨论的时候，他都要大胆地表达。

下午6点半时，人人都疲惫不堪。连续5天的研讨会和激烈争论终于结束了，该是吃晚饭的时间了。主持人感谢了每一个人的辛勤工作和目前大家所取得的进展。

就在大家都在收拾东西的时候，马丁开口了。大家都迫切地希望逃离这拥挤的工作环境和污浊的空气，但是这并没有阻止马丁的发言："我也想感谢大家让我参与这些重要的讨论，探讨我们的未来和我们的方向。我在大家集中在一起，畅所欲言地开展讨论时感受到了激情，这种激情不应该退去，也不应该消亡。我们要让此激情永存。正是这样的讨论造就了我们的品牌。"

＊　＊　＊

我们多数人在职业生涯中都会遇到至少一两个马丁这样的人，这些所谓的大咖目光短浅，只掌握肤浅的术语，无限狂妄地破坏着富有创造性的对话。对我们这些在某个世界里探寻真相的人来说，他们的胡言乱语就是在浪费时间，令人恼火。

如果创造力和马丁这样的人毫无关系，也和设计思维毫无关系，那么我们怎样才能与可持续的创造过程建立起关系呢？如果我们无法掌控意会的结果，又该如何定义意会呢？毕竟，我是在带领一个由人组成的公司。从这个意义上说，我需要想方设法地为我和我的顾客得出有意义的结论。我们设法以一种开放的状态生活，可是同时也需要找到某种途径，向我们和我们的客户阐明我们的洞察过程。

于是我请教了我的同事和合作伙伴，想知道他们是如何获取到最好的创造性思维的。接下来我将介绍他们各自的经历，虽然这些经历不大相同，但是我们还是可以发现所有的这些经历都涉及了一个共同的因素——猛地扎入另一个世界，共情其中。他们不会忽视背景环境，而是接纳它。这些厚数据——故事、逸事和分析——构成了我称之为"赐予"的特征。

1. 查理

查理自述：我需要完全沉浸在我所处理的每一个项目的现象之中。例如，如果我需要了解中国茶的话，我就需要知道：茶对中国人意味着什么？他们和茶的日常关系是什么样的？他们怎么看待、谈论、购买和互送茶？这种沉浸是没有方向和目的的，更像是在茶的世界徜徉，而不是费心地记住有关茶的一切。

在阅读、讨论和观察足够长的时间后（这当然是永无止境的过程，但是我一般会在第三遍后结束这一探索），我会放下所做的笔记，忘记电脑和数据，空下一天，让各种想法在我脑中游荡。我会去看电影、见朋友。在项目进行的关键时刻，我这么做似乎很不可思议。但是如果没有这个短暂的休息，我总是会失败。在睡了一天一夜后，我会拿出一张纸和一支笔。我喜欢用 Bic 圆珠笔和单页白纸。我会去一个喧嚣的地方（咖啡馆、酒吧或饭店）坐下来，写下头脑中浮现的所有事物。

整个过程最奇怪的地方在于，在短暂的强制性休息之后，我在研究时出现的数百个想法都被过滤掉了。我不再去考虑顺序或重要性，只是写出我想要写的东西。结果，我在这种情况下写出来的东西都是最棒的想法和最有条理的思路。仿佛我的身体、潜意识或者什么东西替我安排好了一切，帮我剔除了杂念。纸上留下的都是浓缩的精华，是灵感的关键所在。用这样的方法管理数百万美元的项目，看起来似乎很危险，但我就是这么做的。

我不是那种孤独的天才。我只是尊重自己的身体，我知道如果保持开放的状态，相信它，我的身体就能获得创造性的想法。

2. 米克尔

米克尔自述：寻找灵感的过程令我十分痛苦，我总是很惊恐。每次快到最后期限的时候，我就感觉自己要失败了，次次如此，就像有数把小刀在我的胃里搅动，仿佛我就要向全世界昭告自己是个毫无创造力的失败者。我开始失眠、恶心。哪怕我做的事情对我来说并没有那么重要，我也害怕别人会觉得我一无是处。

直到最后，这些刀子越搅越紧。我开始想出各种东西，但都是围绕着一个想法在打转，一遍又一遍。我越来越疲惫，试试这个，再试试那个。我想得太多，开始变得惊慌，我不停地尝试。我费力地想着要解决的问题，希望这个力量可以帮我把问题给掰碎打破。这让我周围的人感到很不愉快，我因此失去了很多不错的雇员。我一直等待着我失败那一刻的到来，等待着全世界都知道我是个失败者。

就在我被所有这些痛苦折磨得心思涣散的时候，一个想法出现了，它常常出现在我感觉快要呕吐出来的时候。它不是从我的身体里跑出来的，而是在我过于虚弱、注意力涣散、无力反抗的时候悄然显现的。

于是我开始一遍遍地向别人讲述那个想法，这有点傻。我其实只是在向别人诉说，而不是在和他们交谈。我也可以对着墙说，但是还是对着人说效果更好。那些可怜的人啊。然后，我让拥有不同技能的人都来描述它。经过所有这些痛苦和折磨后，我又恢复了睡眠，胃里的不适也消失了。

3. 夏洛特

夏洛特自述：我常在跑步时获得灵感。不是在跑步中途获得的，而是在跑完后。跑步让我放空大脑。我试过骑自行车和长途徒步，虽然也会有灵感出现，但都没有跑步的效果好。我需要用跑步来彻底放空我的思想。我在思考一个问题过久后，就会完全沉浸其中，感觉整个人都要被吞没了。不知为什么，放空思想后，所有的一切都以某种方式回归本该存在的位置。仿佛有某种力量向我传递了一个清晰可见的想法，感觉更像是别人替我组织了我的思绪。这非常奇怪，当然也不一定总会有效。我想也许有些人会说，他们常在睡觉时产生灵感或做出决定，而我是在跑步时。

4. 军

军自述：我被我的客户折磨，我害怕失去他们或让他们失望。他们才是真正承受风险的人，我只是他们为了获得帮助而下的最好赌注而已。

我以前从没有像现在这样认真考虑过我是怎样获得灵感的。事实上，我设法从客户的角度考虑事情，思考他们会怎么做。像这样做了一段时间之后，尤其要到最后期限的时候，我就会莫名其妙地变成他们。我不再仅仅是思考他们会怎么想、怎么做，而是我就是他们。在情感上我会化身为他们，对一些观点和想法做出回应，我会以他们的方式感知世界。我仿佛是一种魂魄或者类似的东西，我的身体和我的灵魂不再属于我，而是被那些我所帮助的人占据着。我有点像萨满巫师一样，能看到他们的魂魄，能感受到他们对失败的恐惧。

获得灵感并没有带给我幸福感。那是我的工作，是一种深入、激烈且艰苦的工作。

* * *

尽管他们获得灵感的过程不同，但是他们所描述的这些赐予式的创造力存在着某种相同之处：它们都是一种接受式的体验，是一种开放的状态，是与所处世界合二为一的体验。

每当我谈到或是读到一个真正的创造性进程的时候，我都会听到、看到同样的特征。这种赐予的状态是所有意会所共有的体验。

下面我们再来看一看来自商业、文学和艺术领域的其他例子吧。

我不知道伟大的想法从哪里来，我觉得没人知道。我甚至不知道我自己的想法是怎么产生的。只能说我的大脑尽了自己的责任，产生出了想法。

在等待大脑一鸣惊人的时候，你要做自己能做之事，做自己可做之事。你可以去见朋友、聊聊天、找找乐子，去建立模型，还可以从其他人那里收集一些问题。这些肯定都是我们能做的。

这里面的深层含义是，行动也具有创造性的一面，并且与思维的创造性不同。不一定要思维在先。很多时候都不是那样的。

——萨拉斯·萨拉瓦西

弗吉尼亚大学达顿商学院商业管理教授

为什么我总是在刮胡子的时候获得最棒的灵感？

——阿尔伯特·爱因斯坦

故事情节总在最古怪的时刻出现在我的头脑中。当我走在街上，或者认真地逛一个我特别感兴趣的帽子店时，奇妙的想法会突然钻进我的大脑。我想"这会是一个可以掩盖罪行的手法，非常干净利落，谁都看不出来"。当然所有细节还有待完善，相关人物会悄悄地溜进我的潜意识。我急忙在笔记本上记下这些奇妙的想法。

——阿加莎·克里斯蒂

我会把人逼疯，但没办法，我必须感受到什么是正确的。领导力就是当管理模式和线性思维无计可施时，你做了什么。我需要感受到正确的想法。有时要花些时日，但是这不要紧。一旦我觉得事情是对的，我就会迅速采取行动。

通常在我结束思考之后，我会非常清楚地知道自己要做些什么。我们投资了计算机科学和数据分析，当时我们并没有清晰的商业目标。事实证明这是我们很长时间以来所做的最好的投资。但是在当时，我们并不是为了任何商业目标，只是觉得这很重要也很必要。

在睡醒以后，我的头脑最清楚，思虑已久的问题会顿时变得清晰。我并不清楚为什么会这样。但是我一睡醒，昨天还混沌不清的事情就会变得条理清晰。

——马克·菲尔兹
福特汽车公司首席执行官

从事这个行业的人会进入一种市场思维，试图从市场内部着手了解市场……我抛开了所有的个人感觉后，就能感受到市场气氛的变化。这个方法非常难做到，它意味着你必须放弃自己的情感，屈从于市场的变化。

——乔治·索罗斯

我会对她（演员）说："这一次不要太过投入。"可是在你还没缓过神时，她就又泪流满面了，仿佛有某个开放的管道将剧中情节和想法输送到她的身体中，你对此无计可施。

——舞台剧导演蒂娜·兰多

很多时候，写作依赖于肤浅的日常。在人们忙着购物、退税或与别人交谈时，我们的潜意识流并未停止，它丝毫未被打扰，继续解决着问题，并为未来做打算：一个人麻木无力、无精打采地坐在桌前，语句仿佛突然从空气中飘来，于是无望的僵局被打破，事情开始向前推进。就这样，工作就在我们睡觉之际、停滞之时或者与友人的交谈之中完成了。

——格雷厄姆·格林，《恋情的终结》

大脑在专注于某个单调的任务时，可以刺激潜意识，使你突然灵光一现，这就是我的经历。我的公司 Clearfit 为其他公司提供招聘员工和预测员工的工作适合度的服务。这个商业模式是我在以每小时 80 迈的速度开车时想到的，其实那时我并未思考任何与工作相关的事。

潜意识在后台工作，悄然影响着许多思考的结果。所以，休息一会，闻闻花香，当你这么做时，你的大脑可能已经解决了一个一直困扰你的问题。

——本·鲍德温

Clearfit 公司首席执行官兼联合创始人

别害怕困惑。试着永远保持困惑。任何事皆有可能。永远敞开心怀，如果感到疼痛了，就再打开点，一直到你生命的终结。世界无涯，阿门。

——乔治·桑德斯，《脑残扩音器》

* * *

作家乔治·桑德斯这样的创意天才所说的"敞开心怀"是什么意思呢？达到这种状态需要我们能够抛开先入之见、期许和偏见。他的想法并不小众。日本古代佛教徒发现，年轻的僧人很难达到开放状态，于是他们就围绕开放创造了一个完整的哲学体系。佛教禅师布兰奇·哈特曼在2001年的一次演讲中提到了这个"初学者心态"的概念：

那是一种摒弃先入之观念，不带任何期待、评判和偏见的心态。我认为，初学者心态是一种像孩童一样看待生活的心态，充满好奇、惊叹和诧异：我想知道这是什么？我想知道那是什么？我想知道这意味着什么？抱有初学者心态的人们不是带着某种固有的观点或预先的判断走进事物，而只是问"这是什么"。

无论是跑步的体验、付诸笔端的仪式，还是仿佛胃里藏着小刀的痛苦经历，拥有创造思维的人都在以自己的方式对想法保持开放的状态。诚然，对我们人类来说，保持这种开放、接纳的状态非常困难。因为我们的思维渴望构建模式，渴望在混乱中创造秩序，寻找某种确定感。但是我们处于这种卓有成效的"无知"的开放状态越久，就会越有可能获得更多的洞察。

溯因推理的概念可以进一步解释上述情况。19世纪的美国哲学家、逻辑学家查尔斯·桑德斯·皮尔士成功地定义了溯因法，这是一种与我们经常用来解决问题的演绎法、归纳法相对应的推理方法。

演绎法本质上属于算法领域，即人们从一系列可信的假设出发，进而演绎出 X 或 Y 是正确的。通常演绎法被称为是自上而下的方法，因为它是从一般到具体。

归纳法则是从多个前提的集合得出一个具体的结论，这就是为什么这种方法被称为是自下而上的方法：它由具体的观察开始，进而得出更广泛的总结和理论。

然而，溯因法不是以任何关于已知或未知的假设，或先入为主的观点开始的。就此而言，它是唯一一种可以融合新知识和新见解的推理方法。整个推理过程是先广泛地采集和组织数据，也就是乔治·桑德斯所说的"开放状态"，然后从所采集的数据中发现模式。一旦把这些模式综合起来，就会形成一个或几个理论，非常有解释力的见解会从这些理论中脱颖而出。下面是 1903 年皮尔士在哈佛大学就实用主义和溯因推理法所做的演讲中的一段话：

通过溯因法得到的启发如同一道光，但是并不是所有的人都会得到它。它是一种洞察，尽管极易产生谬误。的确，有关某个假设的不同因素一直存在于我们的头脑中，但是把我们以前没想过能放在一起的因素组合在一起的想法，是那一束光。

皮尔士认为溯因推理法是处理纷杂飘忽的数据唯一恰当的逻辑过程，是真正的创造力的栖身之地，但是也极易出错。所以经历过赐予状态的大师都知道有价值的创造性洞察将至是一种怎样的感觉。19世纪的哲学家威廉·詹姆斯在他的经典著作《心理学原理》（The Principles of Psychology）一书中写道：在很大程度上，我们持续的关注可以培养出这种能力。

> 注意力……是指大脑以一种清晰、鲜明的形式，从众多同时存在的对象或思维中选择其中一项，进而被其完全占据的状态。意识的集中是它的本质，注意力意味着为了有效地处理所注意的对象，意识从某些其他事物上的转移。它是与混淆、茫然、轻率截然相反的一种状态。

换言之，拥有创造性思维的人知道，他们需要协调并理解的事情就是那些可以让他们了解所处之世界的事情。詹姆斯写道："数百万的外在事物呈现在我的感官上，但它们从未恰当地进入我的经历之中。为什么呢？因为我对它们没有兴趣。我的经历是我愿意感受和理解的东西。"

妮可·波兰提尔描述了在大脑受损最严重的时期，她走进塔吉特超市后发生的事：她有一种处于混沌之中的感觉，这让她手足无措。

她无法集中于任何事情，或按照她的说法，她无法进行"筛选"。

"我的工作记忆完全受损，就好像一个人满为患的等待室，"她回忆说，"通常，当你的大脑以正常速度运转时，它随时都在进行着筛选。我们不清楚筛选的大部分内容是什么。"

与之相比，詹姆斯说天才体验创造性突破的时刻，其实是在体验一种持续的专注："他们的想法熠熠生辉，每一个学科的想法都在那肥沃的精神之地无限生长、分枝，于是他们会在几个小时内都处于全神贯注的状态。"詹姆斯以此描述了天才们的脑中是如何"装满"材料的。那些无限生长的分枝会遍布大脑的各个角落。大脑贮存的材料越多，即我们阅读、经历和思考得越多，当我们在面临创造性突破的机遇时，就会有更多的参考材料可借鉴。虽然突破可能发生在"一瞬间"，可实际上它是建立在对模式识别的深厚而丰富的知识储备之上的。

2011 年，心理学家丹尼尔·卡尼曼（Daniel Kehneman）在他著名的作品《思考，快与慢》中写道："我们储存的知识越多，大脑的供给就越多，我们在应对所谓的直觉忽现时就会越游刃有余。"他称其为系统 1 思维活动。威廉·詹姆斯说："天才之所以不同于普通人，与其说是由其注意力本身的性质所决定的，还不如说是其注意力不断关注的事物的性质所决定的。"

世界上最具创造力的人，都以最开放的姿态去迎接世界所呈现或者展示给他们的事物。这也是赐予最重要的因素：我们突然明白该把注意力放在哪里的一瞬间。大师们尤其擅长发现那样的瞬间。世界著名的建筑师比亚克·英格尔斯（Bjarke Ingels）就是如此，他在亲眼看到了瑞士手表精密的内部构造后，感受到了创造性洞察力的呼唤。

洞察的瞬间：咔嚓

2013 年冬天，比亚克·英格尔斯驾车进入了瑞士的汝拉山谷。镶嵌在白雪和群山之间的汝拉湖，就是他此次要拜访的目的地，也是传奇的瑞士钟表制造公司——爱彼公司的所在地。这是瑞士唯一一家在 150 年间始终由一个家族掌控的钟表制造公司。最近，爱彼公司准备在其历史悠久的建筑旁扩建一个新的建筑，作为展示数百只华美手表的博物馆。英格尔斯和他的团队就是来竞标的，合格的竞标方案需要向公司悠久的历史致敬，同时还要保证新的建筑能与两个近百年之久的原建筑相呼应。

比亚克·英格尔斯刚过 40 岁，他在建筑比赛中的出色表现给爱彼家族的一些成员留下了深刻印象。英格尔斯并不缺乏名望和经验：他的公司总部一开始位于哥本哈根，后来他又在纽约及伦敦开设了分公司，比亚克英格尔斯集团（简称 BIG）在全世界都有建筑作品，遍布诸多城市，如温哥华、深圳和纽约。公司也获得了许多国际大奖。BIG 能脱颖而出，是因为他们的创作过程与其他国际知名的设计工作室大相径庭。英格尔斯的作品充满了环形和斜线，挑战了传统建筑原有的尺度和惯例，即所有有关建筑为何物的想法。

尽管他的团队已经制订了几套设计方案，英格尔斯还是亲自来到了爱彼的瑞士总部，想要感受一下公司周围的环境。他想寻找可以给他带来灵感的东西——那种可以让所有的一切汇集成一种设计方案，来彰显这家有 150 年历史的钟表制作公司的独特魅力的东西。

"咔嚓一下，仿佛方程式两端所有东西都找到了自己的位置，达到了平衡。"在我问及其创造力形成过程时，英格尔斯这样回答，"所有的交叉线汇集成一个有意义的东西。实际上，这种感觉太强了，只能是它了。我只能这么回答你。"

考虑到瑞士与匠心的密切关系，英格尔斯知道他的建筑作品也要有同等的品质。他无比尊重制表业的精密严谨。尽管他的脑海中有诸多线索，却还没能和这个项目建立一种内在的情感联系。

在参观钟表设计间的时候，英格尔斯和一名 50 多岁的加泰罗尼亚钟表匠攀谈起来。这位钟表匠正在制作一款很有历史感的手表。他向英格尔斯展示了手表的整个机械运行过程。英格尔斯说："听着他的讲解，看着他的双手和他手中的工具，我真正感受到了他的工作是多么精确、细致——突然间，灵感来了。我兴奋极了，我真的感受到了灵感。"英格尔斯的灵感（海德格尔称之为显现）呈现于他理解了制表工艺的瞬间：以如此细微的制作材料展现高超的技艺。他说："首先，你必须要热爱自己的设计对象，一旦有了这份热爱，你就可以把它全部用在自己想要传达的事物中。而我则想找到一种可以展现钟表制造文化的方式。"

英格尔斯被手表主发条的构造所吸引，他说："摆陀通过旋转在发条上积累动能，为整个机身提供动力。摆陀旋转使一个金属片卷成一团，金属片在展开时释放动能。同时还有一个调控装置，使金属片无法一下子都展开，而是一次只展开一点，来显示时间。我顿时感悟到，无论是手表制作，还是我的这次建筑设计，其设计或形式就是其内容本身，制造材料就是以这种方式被组织在一起，制成钟表，显示时间的。"

于是英格尔斯把摆陀的意象用到了整个博物馆的设计中。钟表制造者必须用最少的材料实现最大的效果，他也想这样建造这个创始人之家博物馆。这个博物馆将会有一个长廊，向参观者展示钟表制造的历史和文化。最初，英格尔斯和他的团队想把这个长廊设计成长长的直线型。可是就在看到加泰罗尼亚制表匠手中的发条的瞬间，他意识到他可以让整个建筑呈现出一种完全不同的形态：双螺旋形。他说："这个双螺旋将带领你走进博物馆，它很像一个储存能量的手表发条。"

设计战略确定下来后，他们就需要找到一种非常轻的钢材来实现交叠的螺旋形设计。选择轻型钢材可以让整个建筑看起来更挺拔，盈盈独立于汝拉山谷之中。由于英格尔斯是从发条构造吸取的灵感，所以整个设计模型除了窗户之外，没有墙体或者承重结构。由高科技玻璃制成的窗户将支撑起整个屋顶。

英格尔斯提交了设计方案后，爱彼公司立刻兴奋起来。BIG 一向以其大胆的设计著称。这个项目也和其他项目一样，大胆的设计其实是为了迎合项目本身的环境限制。这个项目中，BIG 的设计非常复杂，可是这种复杂恰恰与镶嵌月相和年历的精美手表相呼应。最终，BIG 从 5 个应邀参加竞标的公司中脱颖而出，未来几年该项目会正式启动。

大多数世界知名的建筑设计师都会在其作品的核心部分显露出自己的标志性风格。以德国现代主义建筑大师路德维希·密斯·范·德·罗厄[1]为例，他的作品结构优雅、色彩浓重，以深棕色为主。与弗兰克·盖里[2]和雷姆·库哈斯[3]一样，密斯的大部分建筑设计都依赖一种模

[1] 路德维希·密斯·范·德·罗厄（Ludwing Mies van der Rohe, 1886—1969），最著名的现代主义建筑大师之一，坚持"少就是多"的建筑设计哲学。——编者注
[2] 弗兰克·盖里（Frank Gehry），当代著名解构主义建筑师。——编者注
[3] 雷姆·库哈斯（Rem Koolhaas），荷兰著名设计师，其设计作品包括中国中央电视台的新大楼。——编者注

式，而不去考量这些建筑的使用用途、背景环境或者预算，他们渴望在每个地点都能建造出他们想象中的最美建筑。

然而，英格尔斯以及了解意会的大师的设计过程，不同于密斯等人。他们都会埋头研究设计对象——了解它的历史、艺术、文学、哲学、地理和它的语言文化，他们完全沉浸其中，领悟吸收，等待着想法现身。英格尔斯是在吸纳自己对这个世界的印象，而不是将其拒之门外。世界上绝对没有柏拉图式的理想模式，可以适用于任何时代或任何空间。英格尔斯的设计是动态的，他不断地关注现实情况，包括政治、环境、经济、社会的变化。他会以开放的姿态迎接多种数据，能够根据环境或某个特定的情境，重新定义一个建筑可以是以及应该是什么样的。

BIG 的一个早期作品，是位于哥本哈根郊外的一系列住宅项目。在设计这个项目时，英格尔斯发现住宅建筑的设计惯例十分单调乏味。他觉得他必须找到一个更好的方式来满足住户的需求。他说："住宅建筑的标准是有限的，无非就是光照优先，房屋之间的最小距离必须符合要求等。并没有涉及家庭的多样性，每座建筑物之间要注意什么。也没有涉及气候多样性，建筑物之间的关联性和如何遮蔽风雨等。"

这些早期的住宅项目让英格尔斯明白，想要摆脱标准化设计的唯一办法，就是欣然地接受一些限制条件。他没有抱怨那些顾客提出的要求以及环境带来的限制，反而增加了一些专属于某个场地的特有的限制条件。当我告诉你他喜欢的一个游戏是扭扭乐（Twister）时，你可能会会心一笑。这个游戏的玩家，一开始的时候看起来很"正常"，每个人都双脚着地，挺拔站立。随着游戏的展开，渐渐地，每个参与者都必须要弯曲、扭转身体，甚至折叠起来。英格尔斯设计的建筑就像扭扭乐的玩家一样，为了优雅地解决游戏中设定的问题而做出各种动作。

综合各种信息和数据的设计过程，使 BIG 在建筑领域独树一帜。他们的建筑不仅是由美学本身决定的，还融入了建筑所在地的经济、金融、历史文化、限制条件和环境等诸多因素。"我们不是试着从美学角度解决一切问题，而是把限制条件视为可以给我们的设计带来惊喜和改变的因素。最终你不是装饰了一个作品，而是完善了它的功能。"英格尔斯说。

接下来，我们再看看 BIG 为布达佩斯的一个城市公园设计人类学博物馆时，是如何实现创造性突破的吧。"我们希望这个博物馆能体现布达佩斯的特征，于是我们在那个城市待了一段时间。我们去了公共浴室。那是一个冬天的夜晚，10 点钟的时候，我们在室外浴池里游泳，感受温暖的池水和冬日的夜空。这座城市位于东、西方的交界处，蕴含着一种厚重的历史感。"英格尔斯说。

我们要特别注意英格尔斯用了一个现象学的词汇来形容这座城市（"一种厚重的历史感……"），还有他提到的冬天游泳的经历。所有这些都融入他的团队对这个建筑地址的开放式的探求之中，他们在寻求可以让建筑既实用又美观的办法。"博物馆会建在一个长长的林荫大道的中轴线上，大道的尽头是一个主要的城市公园。总体规划要求这个博物馆是一个大门形状的结构。所以我们就以此为起点开始设计。可是作为一个人类学博物馆和一个向全世界展现匈牙利文化的建筑，它与大门有什么联系呢？"

该团队运用罗马浴场这个有历史感的本土元素设计出了一个大门

形的建筑，并在其表面镶嵌瓷砖。但是就像英格尔斯所说的，"这个设计缺少灵魂。看着这些小模型时，你会觉得它是没有意义的。你希望大门有磅礴的气势，但同时也希望在走近它时，你可以感受到它的迷人魅力"。

BIG 一直在求索，希望设计一个既像大门，又可以实现人类学博物馆功能的建筑。这就要求这个设计要体现出矛盾的两个方面——既要有纪念碑式的历史感，要厚重；同时还要能体现出匈牙利的鲜活历史，要通透。

英格尔斯告诉我："最后我说，或许我们可以把大门横向一片片地切开？这样人们既可以看到一个整体的建筑，同时，人们在经过大门时，也会有一种穿越隧道的感觉，你会发现里面有很多夹层。这些像隧道一样的夹层，可以用来展示人类学博物馆的藏品。所以人们走过大门时，其实就是在参观博物馆。"

通过这种方式，参观者就可以在经过大门的同时欣赏陈列的展品。展藏的丰富性也一目了然，可以让参观者简单地了解匈牙利的历史。

英格尔斯说："从公园出发，沿着林荫道走 200 米，你就可以看到这个如同凯旋门一样美丽的大门，只是有一点不同，它的底部是圆形的。当你走近时，会发现这个纪念碑式的建筑其实非常人性化，它在邀请你走进博物馆观看展览。"

当 BIG 的团队成员看到这一想法在电脑上以动态形式展示出来的时候，都沸腾了起来。大家震惊地深吸了口气，然后不约而同地击掌欢呼。"大家知道这个设计会非常震撼。"英格尔斯告诉我。

他把这个创造性突破的经历比作行走在一片处于管护下的森林

里。在远处，他只能看到一片混乱，树木杂乱地随意组合。突然，洞察力来袭——嘣——所有的一切都豁然开朗，眼前的树木开始变得井然有序。"我们一直围绕着设计主题工作，这些设计看起来还过得去，可总觉得少些意思。然后，一旦我们找到了正确的想法，概念、项目、城市花园……所有的一切突然之间都有了意义。"

如果说这种溯因推理法有什么缺陷的话，那就是人们容易受错误指示的误导，陷入单纯的直觉之中。英格尔斯、乔治·索罗斯、罗伯特·约翰逊和其他在下一章出现的大师从未停止过调整自己的思考角度。他们从未允许自己的想法停滞不变，也不允许自己以线性发展的方式看待创造的过程。

英格尔斯说："我们会在立体模型中多角度地审视我们的想法。我们会看设计平面图，然后看设计的物理模型。我们会评估它的面积，看看它是否符合项目的整体要求。每换一个角度，我们就会用不同的眼光来审视我们的设计，发现新的需要调整的地方。"

他说："你会一直感觉很沮丧……你知道关键点就在某个地方……然后，突然，就好像……"英格尔斯两个手指一动，发出了咔嚓一声响，来形容洞察力到来的感觉——咔嚓，咔嚓，咔嚓，"我不是真的指它符合清单上的所有要求，但是你的确会感觉到它在任何一个方面都符合要求，这个新的想法……仿佛让所有数据都汇集到某一个模型，或者某一个架构之中。这就是无可争辩的事实。"

咔嚓：这就是赐予。

第七章

原则五：要仰望北极星，
而不是依赖 GPS

你所确信为正确的每一件事，易地而视，可能就不尽然了。

——芭芭拉·金索沃，《毒木圣经》

20世纪90年代后期，美国海军学院取消了天文导航课程，取而代之的是以 GPS 和卫星技术为基础的导航培训。然而，随着黑客威胁的到来，该学院改变了上述决定。2015 年，美国海军学院宣布，他们将再次要求其海军军官掌握天文导航的实用知识。弗兰克·里德是一位天文导航专家，他在波士顿公共广播电台的一期新闻节目中表示，回归这一古老的导航方式与寻求浪漫无关。他说："每一位航海员都应该能使用所有的可用信息。"这样，导航才不是盲目地追随 GPS 或卫星定位，而更多的是整合并理解各种形式的信息和数据。

天文导航恰如其分地隐喻了当今的组织和企业领导力。领导者的作用绝不是简单地对某一类数据做出反应，而是要理解所有的数据：要依据已有的科技、人文等多重数据来源理解事实情况，进而制定战略。

在本章中，我想介绍几位擅长意会的人。他们都对意会这一阐释艺术了然于胸。他们所拥有的技能永远无法在任何一种定量评估中体现出来，所以他们的敏锐、胆略和智慧常常被埋没，鲜为人知。然而，如果未来百年最困难的同时也是最赚钱的问题是关乎文化的问题，那么他们掌握的这些技能正是我们欣然以求的。在接下来的四个故事中，我们可以看到他们所展现的专业才能，包括社会直觉、政治革新、积极聆听、文化解读、分析共情和艺术完整性。下面就让我们看看这些大师是如何在日常生活中进行意会的。

希拉·汉：和教室里的每个人融为一体

我总是评估并回应教室里每个人的兴趣点。

希拉·汉[①]是谈判和冲突化解领域的专家。她和同事一起在哈佛法学院开设了一门名叫《高难度谈话》的课程，至今已经有20年了。她还建立了三一咨询集团，和合伙人一起帮助企业和组织的领导者解决职场中出现的冲突、影响力和领导力等棘手问题。

在最近一次与某个世界500强企业的会议中，汉站在会议室里，与公司各个部门人员一起探讨"反馈"这个议题。汉要帮助这些高级管理者以更有成效的方式来接受和给予反馈。在大家探讨反馈带来的挑战和困境时，一个心直口快的主管举手发言说："我受不了我妻子给我反馈的方式。"

其他人都低声窃笑起来。

他说："她就是不能明确表达出她到底想要什么。你无法想象，她的反馈是多么模糊不清。"

每当遇到这种情况，汉都要帮助领导者们认识他们自己，了解怎么进行沟通，这使她的工作变得复杂起来。她知道会议室里的每个人都是公司高管，因为她有这家公司的组织结构图，里面清楚地写明了

---

① 希拉·汉（Sheila Heen），美国作家、哈佛法学院讲师、三一咨询集团创始人，著有《高难度谈话》等书。——编者注

每个人的行政职务和等级。可是，比行政职务更重要的是，汉要弄清楚这些高管之间的关系以及他们是如何看待彼此的：谁的意见更有分量？谁是那个"难搞"的人？谁受人信任？谁倍受爱戴？

汉立刻意识到这个人很受大家喜欢，她从会议室里的气氛和充满温暖的笑声中感受到了这一点。同时她还从大家的浅浅笑意中体会到，这位高管并不是很清楚大家是怎么看待他的。

"那么发生这种情况时，你会对她说什么？"汉问他。她可以感到大家的好奇心更强了，大家都想知道如果汉继续追问，他们会听到什么。

那位高管迫不及待地要和大家分享："我说，我不知道你想让我干什么。"他举起双手以示抗议，向大家表达他的挫败感。"你想清楚让我做什么后再来找我吧，"最后他说。

汉没错过机会："那你就是告诉她，你只接受表达完美的反馈啦。"

"是的，"他深表同意，"就是这个意思。"

这时候，会议室里气氛顿时热烈起来。大家都察觉出问题出在了哪里。这种顿悟如同波浪，在每个人之间传递，不断汇集力量，某种洞察一触即发。汉现在面临无比复杂的抉择：怎么才能更好地驾驭这一洞察的浪潮，让大家获得更多的收获，同时又能控制住潜在的风险。会议室里的人都渐渐意识到这个人的盲点是他抵制接受反馈，然而他自己并没有意识到。汉是应该当众明确地点出这一发现，并以此为契机开展讨论呢，还是应该结束这一话题，寄希望于这位高管和其他人在事后反思时理解其含义呢？当众指出问题对教学有益，但是如果这样做让他感到没有颜面怎么办？如果惹他生气，让他闷闷不乐，影响到会议室里刚刚形成的开放和信任的气氛怎么办？

在工作时，汉每一毫秒都要过滤无数的不同数据。除了她要阅读（再阅读）的公司组织结构图之外，她还要了解每一个高管当时所处的社会环境。她还关注另外一个层面——领导者和他们自己的关系。他们是不是了解自己？他们有多在意别人的看法？他们愿意来这里参加培训吗？他们是不是多疑？一旦发现自己在公开场合突然遭遇了顿悟时刻，他们是会感到惊喜还是觉得受辱？最重要的是，他们是不是有自嘲精神？

当整个会议室里的气氛发生改变时，她从每个人身上获取的信息也会随之改变。某个人刚开始沉默寡言，可是如果会议室里的情绪变得愉悦起来，他很可能也会融入进来。某个人可能最初表现得很冷漠，但会因为他所尊重的某位上级或某个人的反馈而变得顺从恭敬。

所有这些才只是个开始。汉还要了解公司的文化。他们认为自己的公司有竞争力吗？推崇平等吗？有创造力吗？强硬吗？处于弱势吗？好斗吗？当汉了解了这个大背景后，就要去感知这一文化的问题点：员工之间的误解出现在哪里？这一企业文化的哪些方面阻碍了某些人和某些部门的进步？什么是可以说出来的，哪些是无法启齿的？在某一特定时刻，她可以帮助某个人多少，又可以帮助整个团队多少？

上述的种种考量还没有涉及她所准备的教学材料。就像爵士音乐家在俱乐部演奏时必须要专业过硬一样，汉也必须对她要讲授的内容了如指掌，这是先决条件，而且她还要根据学生的情况来调整授课内容。她要碰触到自身之外的东西，在会议室里创造奇迹。

会议室渐渐安静下来，汉知道自己该怎么做了。"听起来你只想接受表达完美的回馈？"她反问道，脸上带着顽皮的微笑。

大家都偷偷地笑了起来，更加期待着要发生的一幕。

"嗯，"这位高管想了一下，"我觉得是这样的。"

"但是反馈真的能完美地表达出来吗？"她停顿了一下，观察着他的面部表情，看着他跟随自己的思路在思考，然后说，"你这是一种聪明的做法，实际上是想让她再也不给你反馈了，不是吗？"

一瞬间，这个高管目瞪口呆、手足无措。整个屋子的人爆笑起来，然后他也笑了，整个人豁然开朗，对自己以及自己与他人的关系有了新的理解。

"是的，"他边说边和其他人一起笑了起来，"你说得对，我认为反馈永远不可能是完美的。"

"我也在犯这样的错误，"汉对所有人坦白，把全场的焦点巧妙地从那个人的身上转移到了自己的教学上，"收到不清晰、不公平或者表达不明的反馈时，我会很沮丧。但是无论是给予还是接受反馈，重要的不是找到完美的词语甚至是正确的词语来表达，重要的是人们要有正确的态度。如果我们想很好地接受反馈，就要对别人试图告诉我们的事情存有好奇心，即便他们的表达非常拙劣，即便我们通常要努力理解他们试图表达的东西。"

这时，屋里紧张的气氛缓解了。所有人仿佛一个整体，都沉浸在汉的洞察之中。老师和学生，每一个人都融入其中。中午休息时，那位高管走到汉身边感谢她，并对她说，这次经历对他自己、对他的家庭还有他的工作都很重要。

"我所做的有关如何给予反馈、进行艰难对话的研究，与我作为老师如何与他们沟通合二为一了。"当天晚些时候，汉告诉我，"教学本身就是一场谈判，是一场为了让学生参与、信任，愿意尝试新事物，愿意放下防备、承认错误而进行的谈判。我把我所有技巧用在了我的教学之中。"

无论是教学还是调整冲突，汉把她理解复杂的人体信号的经历比作"过河"。

"有些时候，我的内在声音全都集中在教授的内容上面——我怎么才能更清楚地解释一些事情或者接下来该讲什么——可是，不可避免地，我得跨过河去。上课时，那些教学材料就被放到一边了。我的注意力全部集中到了教室里的人身上，仔细读懂他们发出的人体信号，这些能让我协助他们学习、前进。"

玛格丽特·维斯塔格：了解规定背后的东西

不了解规定带来的后果和机遇就去执行，是一个非常危险的行为。

2014年，玛格丽特·维斯塔格被任命为欧盟竞争事务专员，就任欧盟反垄断机构的负责人。2015年，媒体大规模报道了她挑战谷歌公司和俄罗斯国有天然气巨头俄罗斯天然气工业股份公司的报道。虽然维斯塔格是一名资深的政客，在丹麦从政28年，但她绝不是一名官僚。

"在官僚体系，数据都是十分抽象的——大多数是数字或报告，"她告诉我，"这些数据在技术上处理得很好，但是却很难让人感受到在这些文件背后，那些与之相关的人的真实处境，以及在他们身上到底在发生着什么。"

她认为她的工作就是在普遍情况和具体情况之间的持续反复。欧盟就是为了执行规定而建立的，这是她的工作。可是如果没能细致入微地了解每个情况的特殊性，她就会有犯巨大错误的危险。

她解释说："欧盟系统的设立初衷，是用普遍的方式来处理事情。但是我要保证我们可以弥补系统的不足，达到平衡。这就是为什么我从来不会只依赖经济数据来做出决定。我需要感受实践情况。我不认为这是不理智的行为。我认为这是一种行之有效的方法，可以让我围绕着某一件事思考，或许可以让我用我的直觉、人性和智慧共同理解这件事。"

最近维斯塔格开始调查受意大利政府支持的里瓦钢铁公司。有了政府的资金支持，这家欧盟最大的钢铁公司就可以优化资源：据预测，里瓦钢铁公司的未来产量可以与保加利亚、希腊、匈牙利、克罗地亚、斯洛文尼亚、罗马尼亚以及卢森堡七国 2015 年的钢铁工业总产量并驾齐驱。

来自某些国家的廉价钢铁造成了市场上钢铁过剩，进而引发了钢铁工业的裁员现象。考虑到这一点，维斯塔格提出了一个十分直截了当的看法：意大利政府扶持的里瓦钢铁公司违背了自由竞争的原则。这是一个清晰明了、毫无疑问的案子。

然而，就维斯塔格而言，任何的裁决都不是成立或不成立二者选一那么简单的事。她的工作总是处于持续发展之中。她把自己执法者的身份看作是不断变化的政治动态晴雨表。"如果关闭一家雇佣15 000 名员工的工厂，整个地区都会受到影响，"她告诉我，"如果你不了解那个地区、当地的人，以及那个地区应对改变的能力，你就很可能会毁掉那个地区的经济。不了解规定带来的后果和机遇就去执行，是一个非常危险的行为。"

维斯塔格应对规定的方法，和优秀厨师对待菜谱的方式有异曲同工之处。她没有拘泥于自己的执法权限，而是以一种更灵活的方式来做事。她完全投入每一个特定的案件背景之中，这使得她的裁决超越了抽象的规定。她可以做到这一点，部分是因为她在政治联盟和选区不断更换的政坛打磨了几十年，同时还因为她应用了分析共情的方法更好地了解了相关的世界，比如位于意大利塔兰托的炼钢厂。

"对我来说，和人打交道的最好方法就是融入他们，感受他们在做的事和能做的事。其次就是阅读关于他们的小说，当阅读一本讲述主人公在巴黎郊区成长经历的小说时，我就能体会到年轻移民的感受。还有一些非常优秀的作品描述了阿尔巴尼亚难民在意大利的生活。这些都是虚构的作品，当然没有数字和报告那么科学，但是这并不重要。这些小说描绘的是人的经历，这就让它们变得真实起来。"

维斯塔格面临的挑战，是要在布鲁塞尔的官僚文化中对此类数据保持警觉的状态。她说："我的工作让我与现实分离，这是不对的，我应该深深扎根于现实世界之中。"

为了打破某些官僚主义机制，她一到布鲁塞尔上任就立刻调整了她的新办公室的布局。围在她周围的一层层的助理和辅助人员使她无法接触到可以帮助她更好地服务于选民的现实世界，不仅如此，单单是办公桌的摆放就使她和她的工作拉开了距离。

"一张桌子，一张巨大的桌子横亘在我和他们之间。这是一种权力的表达方式，但是它带来的问题是双向的。一方面，我的敏感性被遮盖，我无法体会到人们的所做、所想和所需。另一方面，他们无须对自己的言语负责，因为他们处于一个不平等的环境中。"

维斯塔格把这种现象称为"冠冕堂皇的鸿沟"：一种由官僚体系导致的、存在于不同权力阶层的人之间的距离。于是，她把办公桌推到一边，以便和来访者直接接触，促进互动。现在她可以直接接触来访者，来访者也可以直接接触到她。

"从某种程度上说，这对他们更不容易。如果他们在和我对话时感受到我们之间的平等关系，他们就需要对自己所说的话负责。最终责任自然会落到我身上，我欣然接受。而且如果我们双方基于平等的方式谈话，他们就不能有所隐瞒。"

维斯塔格主导了欧盟针对如谷歌这样的科技巨头的诉讼。首先，她称这些公司的搜索引擎人为地排除了竞争对手，现在她又将目标转向了谷歌的移动操作系统。她总是可以体察到她所处的管理机构的氛围，乃至整个文化的氛围。通过这种方式，她完全沉浸在整个政治体系之中，像感受自己身体变化一样感受整个政治体系的变化。

"如果政府部门或者牵扯到的人还没有准备好，我感觉我的肌肉都是紧绷的。然而，如果做事的时机成熟，我就会仿佛独自立于海边，有一种极目远眺的感觉，完全敞开胸襟，心情平静。这听起来很奇怪，但是如果你想获得成功，就要让自己毫无保留地与你要应对的人融为一体。你必须对他们的生活、他们的忧虑感同身受。这意味着你必须要设身处地地为他们着想。"维斯塔格说。

克里斯·沃斯：理解那个敌对的世界

我们要了解对手的文化，变控制关系为合作关系。

2006 年 1 月 7 日，一位名为蒂尔·卡罗尔的年轻美国记者在伊拉克首都巴格达遭遇蒙面枪手的伏击并被绑架。卡罗尔的司机设法逃跑了，但是她的翻译被当场击毙。卡罗尔被绑架的新闻引起了国际社会的警觉，声援如潮水般涌来。这是伊拉克战争打响以来，第31 起针对外国记者的袭击。最初两周，没有任何有关卡罗尔的消息。1 月 17 日，半岛电视台播出了一段她的录像。卡罗尔的声音被剪掉了，她没有被蒙住头部，看起来蓬头垢面。两个黑衣蒙面人持枪站在她两侧，还有一个黑衣蒙面人站在她身后，在她的头上举着一本书。他们要求政府在 72 小时内释放所有伊拉克监狱里的女囚，否则将处决卡罗尔。

面对这样的危急时刻，FBI（美国联邦调查局）召集了一组高水平的谈判专家来主导接下来的营救行动。克里斯·沃斯①就是其中一员，他担任 FBI 探员已有 20 多年，是 FBI 危机谈判部门的首席国际绑架谈判专家。他还记得第一次见到卡罗尔那段录像时的场景。多年的训练让他立即捕捉到了那段录像所传达的信息。

他告诉我："刚开始的时候，这个案件看起来非常棘手。从录像中我们可以很明显地看出他们已经对她做出了裁决。一个人站在她身后，手上拿着一本书。这就表明她已经被某个更高权力部门进行了审

---

① 克里斯·沃斯（Chris Voss），著名谈判理论专家和实践者，著有《强势谈判》。——编者注

判、定罪。他们不把这视为谋杀，而是政府做出的合法处决。"

　　和其他所有谈判一样，沃斯把卡罗尔案件的重点放在判断出到底是谁和谁在进行谈判。他认为绑架者的要求是个圈套，因为实际上美国人或任何人都不可能估测伊拉克监狱到底有多少女囚，更不可能判断出，在仅仅数日内是不是有可能将她们全部释放。在沃斯看来，这一胆大妄为的要求是他收到的第一个警告信号，告诉他实际上绑架者并没有和任何西方国家的人在进行谈判。

　　"这个录像并不是给我们看的，而是给中东地区那些立场不明确的人看的。所以我们下一步要做的，就是想办法传递可以在立场不明确的那部分中东人中产生共鸣的信息。"

　　此类隐晦复杂的谈判主要通过媒体这一舞台来展现，所以许多挑战是围绕着如何有效地指导人质的家庭成员对媒体传递信息，然后让这些信息扩散到全世界。

　　"我们处理卡罗尔案件时，"沃斯解释说，"要去了解对伊拉克暴乱分子而言最重要的文化主题。如果想要找到一线生机，将操纵关系变为合作关系的话，我们就必须了解他们的文化。"

　　沃斯认为，这种转变往往始于并终于积极聆听；他认为积极聆听是最被我们低估的应对复杂社会问题的解决方法。但是想做到积极聆听，人们就要完全投入某种特定的共情中去。我们可以把他所指的某种特定的共情看作是我在第四章中提到的分析共情。

　　"对于这种共情，我们更容易说出它不是什么：它不是单纯的友善，不是一味地赞同，不是喜欢上另一方。它就是直接的观察，然后说出你所看到的东西。我可以对恐怖主义刽子手'圣战士约翰'产生共情，但这不等于说我赞同他的行为。"

沃斯依靠此前处理案件的经验和应对此类谈判的专业技能，和他的团队一起在仔细地推敲后，草拟出了他们要传递的正确的信息。其中包括向每一位和媒体接触的人发送信息，包括卡罗尔的家人和政客们。

"任何人问起蒂尔·卡罗尔案件时，我们都会说'你们没看出来绑架者多么不尊重她吗？他们都不给她戴上头巾。他们打破了自己定下的规矩。'然后政客、媒体和她的家人们都会说'没错，你说的对。'接着他们会在所有媒体采访中重复蒙面人不尊重她的这一说法。我们不能直接跟他们解释我们希望传递的信息。他们必须通过我们的说法自己领会出这一信息，这样他们才能完全投入地重复它。"

媒体操纵只是多方位战略的一部分。与此同时，沃斯的团队还在与卡罗尔的家人合作，指导他们在面对媒体时的谈话要点。

"任何有效的谈判都需要从表达一个不争的事实开始。因为在面对一个不争的事实时，任何一方都无从反驳。大家往往都想说'她是无辜的'或者'他们不应该绑架她'。可是这样的信息从媒体传达出去是起反作用的。因为这些信息是说给我们听的。我们现在需要说些什么给中东那些立场不明确的人听。"沃斯说。

"卡罗尔的一些家人，包括她的妈妈和姐姐都不是很相信我们草拟的严格的脚本能解决问题。她们想要用自己的语言去表达她们的愤怒、恐惧和悲伤。但是卡罗尔的父亲吉姆·卡罗尔同意我们的看法。"沃斯知道让吉姆·卡罗尔做信使是对暴乱分子的一种尊重，因为在中东文化中，父亲代表了所有的荣耀。于是他安排了一个美国CNN（有线电视新闻网）的独家报道，摄影师只录制吉姆·卡罗尔准备好的台词，不接受任何采访，不添加任何分析和评论。然后这段录像被直接送往半岛电视台。

"整个过程，我们对蒂尔·卡罗尔的父亲进行了指导。我们以一个不争的事实为开头——蒂尔·卡罗尔不是你们的敌人。以此为起点，我们继续恳求中东的观众，蒂尔·卡罗尔一直在报道伊拉克人民所处的困境。最后，吉姆·卡罗尔说，如果她被释放，她会回到伊拉克继续做同样的报道。"

这段录像没经过任何剪辑，就直接转给了中东媒体。虽然沃斯和他的团队无法影响它播出的时间或由哪个媒体播出，但他们相信暴乱分子总会从某处看到这段视频。直到蒂尔·卡罗尔被释放后，沃斯才了解到吉姆·卡罗尔的话对她的获释起到了极大的作用。

他说："蒂尔·卡罗尔告诉我们，绑架者通过半岛电视台看到她父亲的录像后说：'你父亲是一个值得尊敬的人。'在中东，如果有人说你父亲是个值得尊敬的人，那么这种尊敬就会在你和你家人的周围形成一种保护。几周之后，绑架者公布了另一段录像，只有她自己出现，头上还扎着头巾。"

2006 年 2 月 9 日，在公布的第三段也是最后一段录像中，蒂尔·卡罗尔身着穆斯林服装，继续恳求各方的支持以便获得释放。她的声音没有被抹掉，身边也没有武装人员出现。

沃斯说："第三段录像没有任何胁迫感，我很清楚这些人在考虑以什么方式释放她来挽回颜面。她看起来很平静，被照顾得很好。绑架者完全控制着讲话的内容，所以当我们看到这段录像时就知道卡罗尔安全了。"

同年 3 月 30 日，蒂尔·卡罗尔被正式释放。她走进伊拉克逊尼派伊斯兰党位于巴格达的办公室，告诉那里的官员，她已经被释放了。

在被监禁的 60 多天里，她受到了关照并被人性地对待。

沃斯的特殊谈判技能综合了敏锐的情商、老到的经验和对中东文化的掌握。若缺失上述任何一点，他都不会获得本案的成功。"我喜欢把谈判定义成高情商"，沃斯说，"取胜的法宝是操纵对方的情绪。在人质案件中，情绪似乎比通常情况更强烈，但其实在本质上并没有什么不同。"

作为谈判专家，他精通阐释的技能。同时，他能应对高风险的情况，还要归功于他对几种不同背景下的叙事和传送信息有一定的理解：他自身的背景、美国媒体背景、绑架者的背景，以及正在观望事态发展的广大中东民众的背景。他把每一个背景都放到由他控制的一个大的布局之中，目标就是确保卡罗尔获得释放。

"我们过去常说最危险的谈判，就是你没有意识到自己在谈判。恐怖分子威胁美国的目的是什么？他们不在乎美国人对此事的反应，他们脑子里想的都是他们的偶像'圣战士约翰'。在全世界范围内，有许多的极端分子想成为像'圣战士约翰'一样的人。"

为了能让卡罗尔成功获释，其他一些媒体和政治力量都做出了相应的努力，这些都是她最终获释的因素之一。但是据卡罗尔自己说，监禁她的人在看过电视台播放她父亲的录像后，立刻改变了对待她的方式。

沃斯说："对抗恐怖主义的最有效武器就是事实真相。真相就是蒂尔·卡罗尔不是监禁她的人的敌人。她的父亲将这一真相说了出来，全世界也都在重复这一真相。"

成为鉴赏家

希拉·汉、玛格丽特·维斯塔格和克里斯·沃斯都运用诠释技巧找到了各自的方法，成功地驾驭了各自的世界。为了更好地理解这一点，我要引用一个常常和艺术或者烹饪相关联的词：鉴赏家（connoisseur）。在我们的意会之旅中，我想将这个词回归到它的法语词源 connaitre 这个动词，它的意思是"熟悉"或者"知道某人 / 某地"。

英语的精通（mastery）一词在法语中为 connaissance，指的是一种理解大量知识的方法。

无论是教育、人质谈判还是政治领域，我们在自己选择的、全心投入的领域走得越深入，就越会将我们所掌握的相关知识分成更多类别。以牛肉为例，在美国，人们将牛排从生肉到煎熟分成五个阶段。而法国享有更为丰富的烹饪和肉文化。法国厨师要掌握从牛排刚刚被放入热煎锅时，一直到被烤成炭黑色，或者称为过熟的九种不同分类的牛排。在三分熟和五分熟之间，还有一个十分重要的烹饪点，这在美国是不可能要求厨师做到的。随着我们意会经验的丰富，我们就会发现更多的分析范畴。这就是成为鉴赏家的过程，也是我们在世界上找到正确方向的方法。

回顾一下希拉·汉的意会之旅：她的意会之旅的特点是不断地加深自己对课堂气氛的了解。如今，她可以在课堂上识别更多的情绪。因此，她就能成功地引导她的教学进度，向自己的教学目标进发。如果她发现教室里的气氛冰冷沉寂，大家都疲惫或沉默，她就会增加一些幽默和娱乐的气氛。如果教室里充满着挑衅和气愤，即参加培训的管理者并非真的想来听课，她就会想办法投其所好。她让自己和学员结成同盟，鼓励他们向她倾诉自己的沮丧和挫折。

汉说："教学之初，我离不开自己所做的教学笔记，我把所有的注意力都投入把教学内容教授给学生之中。多年的教学经验让我对自己的教学素材有足够的自信，教学变得更加自然，于是我就转而更加关注教室里的状态了。从学员的脸上，我能发现更多东西。比如谁在认真听课，谁没有，谁乐意接受幽默，谁更拘谨。"

当她的教学达到了精通的程度时，她与社会敏锐性相关的分析范畴就随之增加了。汉能辨认出她和每个学员之间的关系。在职业生涯之初，她或许只能看出哪个学员是领导，哪些学员是其下属。随着时间流逝，这些范畴裂分为几十，甚至几百种不同的划分教室内等级关系的方法。汉成了人际关系和社会情绪领域的鉴赏家。

她说，有一次她的授课对象是一些位高权重的伦敦银行家。"每个人都地位显赫，没有什么等级可循。因此我知道，我可以用自己的教师身份为班里增添些乐趣。上课时我忘记叫教室后面的一桌学员发言，就开了个玩笑，把那个桌子叫作'补救桌'，引起了哄堂大笑，教室气氛变得融洽。对 25 位银行业响当当的人物来说，我的表达十分恰当。这让我们相互敞开心扉，相互学习。"

对欧盟专员玛格丽特·维斯塔格来说，意会使她不断提高对整个政治体系内规律性变化的敏感度。在政治领域浸淫了 20 年后，她可以看到其他人无法看到的改革机会。同样地，她还清楚什么时候不能轻举妄动。

她说："什么时候做和做什么事同样重要。启动某个新倡议或新政治方案的合适时机往往非常不易察觉。我凭借自己的感觉来寻找那个时机。人们是不是准备好了？他们现在可以接受更多的改变吗？一旦开始改变，他们会处于什么样的情绪状态中呢？"

谈判专家克里斯·沃斯学会了理解他人声音中流露出的变化多端的情绪。他的倾听技能帮助他评估何时有可能进行合作。"当你开始学会聆听并注意到对话中暗藏的积极和消极的因素，你就能明确地强化积极的一面，消除消极的一面。虽然这个技能可能还不足以解决问题，但是从某种意义上说，却是人们可以一直依赖的技能。这项技能绝对需要习得，并且绝对不是一旦习得就永不消逝的。"他说。

所有的意会之旅中，充满诱惑又极其危险的塞壬之歌就是一个放之四海而皆准的模型或理论，它们声称可以把所有的因素组织在一个框架之下，就像接通 GPS 或在黑暗中为我们导航的卫星。实际上，真正的鉴赏家明白，这个世界上并不存在一个正确的答案。导航并不是指关注所有的事情，而是艺术地理解某一件事情。

汉更关注社会等级在其教学中所起的作用。当她走进一间教室时，她能感受到学员是如何看待她的教师身份的，以及为了形成更好的教学氛围，她该如何提升这一身份。

维斯塔格需要知道她的政治行动的第二级和第三级后果。为此，她不断加深对欧盟管理体制的了解，将管理体系看作是一位亲密的伙伴。她可以了解自己所接触的新体系，能感受得到这一体系是压力重重还是兴奋不已，是充满希望还是沮丧失望。这种知识帮助她评判哪种类型的变革是可行的。

沃斯敏锐地体会到了操纵的细微之处。无论是在犯罪调查还是绑架案谈判中，他总是在寻求机会，化操纵关系为合作关系。他最擅长的是让人在不耍手段的、不用武力威胁的情况下和他进行对话。

综上所述，三位大师都从各自的特定领域中培养出一种视角，这种视角最终使他们获得了鉴赏能力中至关重要的一部分：审美。在科学和人文两个领域，有很多条途径可以实现我们的目的。哪个是最美的路径呢？哪种是最引人注目的？哪个是最充满力量的？哪个是最让人愉悦的呢？演算法可以提供最优路径，但是只有人——艺术家、思考者、数学家、企业家、政治家——只有具有洞察力的人才能解释目的的意义。大师们终其一生都在致力于解释意义，他们就是以此来理解这个世界的。

意会的炼金术

美国加利福尼亚州纳帕谷 29 号公路旁的不远处，有一个灰色的仓库。整个建筑线条整洁，颇具历史感，俯视着几公顷的圣乔治葡萄园。仓库前有一个由打结的绳索做成的秋千，一辆汽车停在小型车库里。这就是科里森酿酒厂，远近闻名的酿酒师凯西·科里森就住在这里，她用自己的方式酿造纳帕谷赤霞珠葡萄酒已有近 40 年了。

虽然仓库内部简陋，没有正式的品酒室，但是当科里森从里面走出来和我见面时，身上散发着一种安静的力量。她刚过 60 岁，在纳帕谷地区身负盛名。她毕业于加州大学戴维斯分校，那里的酿酒学课程是全美红酒研究领域的佼佼者。获得酿酒学硕士学位后，科里森开始在纳帕谷工作。

美国颁布禁酒令后的几年，纳帕谷的红酒产业只剩下几个冷清的葡萄园。正如大家所知，现代红酒产业，在加州大学的科研支持下，兴起于 20 世纪 60 年代中期。1976 年，也就是科里森到达纳帕谷工作之后，加州红酒在一次盲品中战胜了法国红酒，受到法国红酒评论界的好评，惊艳了由法国人统治的红酒界。纳帕谷成了新酒和新酿酒法的温床。和传统的欧洲葡萄酒不同，美国酿酒师欣然接受像低温发酵这样的科技手段：把葡萄放入双层不锈钢大桶中，然后将冷却剂倒入双层不锈钢容器的夹层中来控制发酵进程，这样酿造出的美国白葡萄酒口感更清爽、更新鲜。

这些新科技兴起的时候，科里森正值当打之年。她和加州大学戴维斯分校的校友一起，以在学校所受的科技培训为起点，开始了酿酒事业。他们觉得老一辈缺少技术知识，因而瞧不上他们。如今，40 年之后，科里森改变了看法。"前辈们有很多智慧。我们过去太自以为是。"

到 20 世纪 80 年代后期，科里森已经为著名的夏普利酒庄工作了近 10 年。夏普利葡萄园位于纳帕谷的山区，曾经历了几季的干旱，于是科里森就和她的团队在山下的拉瑟福德地区采购了一些葡萄作为补充。和山上的岩石地带不同，这一地区是由排水很好的冲积土构成。最重要的是，这一地带土壤中的沙、泥和黏土的比例几乎均等，所以既有很强的储水能力，又有出色的排水能力。雨季过去之后，葡萄藤停止生长，果实开始成熟。

"如果赤霞珠葡萄在应该成熟的时候还在生长，那么葡萄中就会有一些青果的味道。"科里森解释说。赤霞珠葡萄的成熟度的标志是其果味由红果到蓝果，再到紫果，最后到黑果果味的演变过程，以及青果消失的过程。"可是葡萄藤停止生长，就有可能让葡萄既完全成熟，但是同时糖分也不会很高。"

科里森和她的团队开始从这些冲积土地区中挑选葡萄的时候，她意识到自己想要酿造什么样的酒了。科里森对我说："我内心渴望的那款酒呼之欲出，我唯一能说明的是它既浓郁又优雅。赤霞珠葡萄无论怎么样都会酿出浓郁的酒，我更感兴趣的是怎样在浓郁的基础上赋予它以优雅。我们在山谷挑选葡萄的时候，我知道我要酿造的酒就生长于拉瑟福德地区。"

从 1987 年开始，科里森怀着这一愿景开始酿属于她的酒。她找到有多余生产能力的酿酒厂，用他们的设备开始酿造她的纳帕谷赤霞珠红酒。1995 年，她和丈夫购买了从拉瑟福德到圣赫勒拿岛的一小块土地。其他人都不愿意买这块地，因为这里的葡萄需要重新种植，而且这里的房子也破败不堪。但是他们却勇往直前，将废弃的房子变为仓库，放置他们酿酒的设备。他们没有放弃圣乔治葡萄园的旧葡萄藤。

科里森说："这些葡萄藤古老而睿智。我认为这和根茎的深度有关。它们经历了数次高温期的考验，依然保持着优雅的风格，而此时年轻的葡萄园却陷入困境。这些古老藤蔓知道该怎么应对这些困难。"

那时，纳帕谷追求的风格是大胆而猛烈。加州的酿酒师倾向于让葡萄在藤蔓上停留更久一点，好让其香味更强烈。这些红酒的酒精度开始达到 14 度以上。一些评论家用"浓郁"一词来赞美它们，也有些人戏谑地称其为"水果炸弹"。20 世纪 80 年代后期和 90 年代初期的纳帕谷越来越不像一个农业社区，而是越来越像一个富豪和名人的游乐场。红酒的浓郁反映了这些饮酒之人身上的浮夸之风。

这些浓郁强烈的红酒的"数据"从科学角度看都是正确的，在技术层面都很妥当，结构完整。酿酒师可以清楚地说明这些"成熟的"

红酒的特性：在一个适当范围内测量出的葡萄的糖度、酸度和氢离子浓度指数。

然而，葡萄成熟度却是非常微妙的。科里森说："每年葡萄的成熟期都是不同的。如果你没有置身于葡萄园，没有看到它，你就不会真正了解葡萄成熟，数据只是了解成熟度的一部分。在葡萄成熟季末期，藤蔓会很快放弃生长。这时候，真正意义上的成熟过程也就停止了。怎么样让所有的因素在适当的时候汇聚，这是一个挑战。一个好的葡萄酒酿造期就是让所有这些因素在你所希望达到的某一点上汇集。这是一个涉及生物和化学的过程，同时也是一种炼金术。从科技层面来看，我们无法理解的东西太多了。"

关　心

科里森用来描述她的葡萄酒和酿酒过程的每个词语，都承载了她与这片土地的关系。她的葡萄藤不是用科学特性来衡量的，例如土壤的盐度或石灰含量。相反，她用"古老而睿智""优雅的风格"来形容它们。

"即便在 2011 年这样的寒冷冬季，我们也有所需的热度和光照。而且因为夜晚寒冷和雾气来袭，我们的葡萄可以有非常好的自然酸度。我们的土地上生长出的葡萄，如果要测量其单宁酸的含量，你会得到一个很高的数值。但是单宁酸不是一个分子，而是一群分子，它们可以使口感很艰涩粗糙，也可以使口感很柔软丝滑。这就是为什么我喜欢这个地区的葡萄：它们有果味，非常甘美，口感很棒。"

　　如果身处 87 层摩天大楼的办公室中，或仅凭电子数据表，科里森是永远不会获得这样的判断力的。她知道单宁酸口感如天鹅绒般顺滑，是因为她品尝了近 40 年葡萄酒。正因为她身处其境才能获得这样的审美能力。凯西·科里森说："我从品尝欧洲葡萄酒开启了我的葡萄酒事业，我品尝过很多老牌解百纳葡萄酒，来体会什么是葡萄酒的优雅。对我而言，酿出一款可以流芳百世的葡萄酒，可以在小小酒瓶中做一些有兴趣的事，是一种道义责任。"

　　当你拥有这种视角，当你真的关心这件事时，你就会本能地感知到对你来说什么是重要的，什么是不重要的。你就能分辨出哪些东西之间是相关联的，也就能感知到哪些是重要的数据、意见和知识。关心是实现上述种种的纽带。

　　然而，缺乏关心往往是我在工作中所接触到的商业和组织结构挑战的根本问题。随着时间的推移和管理逐渐变得职业化，你会在管理层感受到一种虚无感或者找不到意义的感觉。在大型企业的文化中，这种虚无感最为强烈，因为作为一种职业，管理本身和公司的实际生产或经营活动没有太大的联系。当工作给人们带来的满足感只是源于管理，即重组、优化、运营、雇用新员工和制定战略，而不是生产有意义的产品时，会发生什么？如果你根本不在意自己是生产美容产品，还是生产软饮料、快餐或是乐器，会是一种怎样的感觉？

　　若关心不在，人们就只能是做"正确的"事，而不是做"真正"的事。马丁·海德格尔说，正是关心，使人之所以为人。他这里所说的"关心"，不是指人与事物或者他人之间产生的明确的情感联系，而是指那些对你来说重要的东西，或者有意义的东西。正是这种关心使我们能够想出复杂的方法应对事情，同时也正是这种关心让我们可以发现与世界互动的新途径。

如果你从事美容行业，却不关心美容产品的意义，就无法获得有关理想之美的文化洞察。如果你投身汽车产业，不关心汽车和交通，你就无法感知驾驶这一人类现象。若你根本不关心所做之事，就无法从更广阔的角度体会到其意义，获得洞察力，你就只能看到零散的数据点，也就是以赛亚·伯林所说的"许许多多的零乱的蝴蝶"。

关心使凯西·科里森听得到内心深处葡萄酒的召唤，它蠢蠢欲动，呼之欲出。关心让她有勇气历经数年坚持不懈地酿造出内心中的葡萄酒。这款酒现在很流行，可在 10 年前并不是。关心如同北极星，让她不会迷失方向，不会困于葡萄酒和烹饪时尚的轮回之中。

我们再来看一看利奥·麦克洛斯基。他创建了一家名为 Enologix 的酿酒顾问公司。凯西·科里森酿造葡萄酒时从来不会只依赖数据，但是麦克洛斯基恰恰相反，他相信葡萄酒酿造就是与数据相关，并开发了一套完整的商业模式。他拥有世界上最大的葡萄酒数据库，每年都品尝数百种葡萄酒，然后把葡萄酒分解成一个个构成其独特颜色、味道和气味的成分。

他是如何使用这些数据信息的呢？首先他会用计算机测试帮助客户判断出这一季的最重要时刻，比如何时采摘葡萄。这是一种酿酒的逆向工程，把葡萄酒分解成不同的构成成分，之后将每一个成分原子化。然后将这些测试的结果与他巨大的数据库中的数据进行比对，结合葡萄园其他的已知数据进行计算，如降雨量和水位，还有酿酒厂的酿酒流程的细节，如使用哪种木桶和发酵时间等。所有这些模型让酿酒师可以调动这些酿酒因素来调整红酒的某些成分，就像构建梦幻足球联盟那样，虚拟地创造出他们的葡萄酒。在葡萄酒准备灌装之际，Enologix 公司会提供最后一项服务：他们的计算公式可以相当准确地预测出这款葡萄酒在《葡萄酒观察家》杂志百分制评分中会得多少分。

这如同"摇钱树"式的酿造葡萄酒之法，在一贯遵从手工艺的文化中，是一个大胆鲁莽之举。

麦克洛斯基没有透露其客户的名字，但是他主要服务那些试图保持传统酿酒方法的小型葡萄园。他的客户和一些业内人士相信他可以为酿酒师提供有价值的东西。可是和凯西·科里森相处过一段时间的人都知道，麦克洛斯基提供的价值其实是一场海市蜃楼。他的"黑匣子"里的观点经不起时间考验。他的整体客观处理数据的方法——也就是把一瓶葡萄酒的构成成分，细化成互不相关的原子元素，脱离整个背景地加以处理——很可能酿造出好的葡萄酒，在当下被认可，但是他绝不可能酿造出可以流芳百世的好酒。因为他所做的选择背后缺少人的关心，没有整体性，欠缺审美，是一种没有灵魂的技术。

如果凯西·科里森也使用 Enologix 公司提供的数据计算法来尝试酿酒，她的葡萄酒可能在某一年获得较高的评分。但是其代价可能就是她永远无法酿造出更加惊艳的，令人无法忘怀的葡萄酒。"我喜欢葡萄酒的一个原因，是葡萄酒在讲述着时间和地点，而且随着时间的推移，一直都在不停地讲述着。它们现在依然在讲述着当时曾发生过什么。我感觉我有义务酿造出可以让土壤发声的葡萄酒。"科里森说。

30 年的岁月中，科里森都在酿造这样的葡萄酒。她的葡萄园历经岁月沧桑，始终惊人地生长出优质的葡萄。她的葡萄酒里没有添加任何的酸、单宁、酵素或任何的木桶香味，而是完全依赖于天然的葡萄。品尝她的葡萄酒，你其实是在感受着她所关心的一切，这是算法永远无法领会的深奥之处。机器学习永远都无法理解她是如何超越时尚的变迁，做到经久不衰的。数据永远都无法理解她坚持不懈的意义所在。计算机无法怀有任何关心之情，它们也永远不会懂得关心才是一切的重点。

有意义的差异

马丁·海德格尔、阿尔伯特·伯格曼和休伯特·德莱弗斯这样的伟大哲学家认为，汉、维斯塔格、沃斯和科里森在各自的领域做到了精通，其实是寻找到了指向正确方向的导航技能。而导航的核心是一种现象，哲学家们称之为有意义的差异。

为了了解这一概念，我们先来想象一下一个不存在有意义的差异的世界会是什么样。它会是一个充满虚无的世界，就像我之前提到的迷失方向的公司文化所处的世界。如果我们所经历的世界缺少有意义的差异，那么每件事和每个人都只是一种需要优化的资源而已。这些资源都是可以被替代的，可以被用在任何一个终端。凯西·科里森的葡萄园里的葡萄可以和玛格丽特·维斯塔格的意大利工厂生产的钢材相互替换。而这一理解的延展是人本身是一种资源，因此就有了"人力资源"这个专有名词。

1954 年，马丁·海德格尔在他最出色的文章《关于技术的问题》中描绘了这种现代意识形态，也就是我们所处的丢失了有意义的差异的世界。他把科技看作是人类"存在"的一种现代方式，是我们看待世界的视角。他笔下的"技术"与科技设备或者科技发明的关系不大。他所说的"技术"指的是一种贯穿我们整个生存的逻辑。就像罗马人或现代化之前的社会，人们在万事之中都可以看到上帝存在，就像启蒙时代的思想家都认为我们人类是宇宙的主宰那样，海德格尔认为今天的科技已经占据了我们存在的中心地位。科技不仅替代了神祇，也替代了人类自己。

海德格尔认为，科技的精神或逻辑就是"优化"：是孜孜不倦地从我们周围的物质中榨取价值——这些物质包括树木，水，甚至人。两百年前的木匠会根据一块木头的纹理和质地，尽可能地做出最美丽的作品，比如一个门把手。而今天，我们把所有的木头制作成木浆，然后再把其重新组合成标准化、没有任何独特性、非常灵活好用的"木板"。在海德格尔看来，这个无性的结构在规定着我们的现实世界：我们将事物标准化、优化，使其可用、可塑。

处于硅谷代表的那种心态中，我们就会体会到海德格尔所描述的，存在于我们日常生活各个方面的那种不安无助之感。我们可以获得任何东西，一切事物都是可用的；每一样东西都没有不同之处；每一天、每个小时、每一秒钟都和另一天、另一小时、另一秒钟没有差别。我们和运输体系中被随处搬运的齿轮和小零件没什么区别。我们构建的教育体系是为了创造出可以互相替代、可用和可优化的会计师。公司和政府部门可以轻易地招收和解雇雇员，因为每个人都是在同样的体系中用同样的方法培训出来的，没什么差异。科技使我们的生存变得更灵活，同时也让我们的生存变得更容易被操纵，更容易被处理。这是否是社会进步呢？

像汉、维斯塔格、沃斯和科里森这样的大师，在如今的科技时代中扮演了一种极为特殊的角色。他们用自己的知识和经验融入自己所处的世界，驱散了现代社会中的不安之感。他们不是全球商品体系中可被替代的资源。相反，他们会对自己世界的召唤做出回应。

加州大学伯克利分校的哲学教授休伯特·德莱弗斯进一步解释了这些大师所起到的独特作用："当我们终于明白何为精通，何为属于自己世界的使命感的时候，我们就会知道，如同笛卡儿哲学所说的，我们生活的意义不是源于我们自己，而是来源于我们所在的世界。当人在做自己纯熟之事的时候，就会达到忘我之境。大师们完全融入自己的世界之中，和世界不分彼此。观他们能做之事，看自己能做之事，我们就都能认清最好的自己。"

透过大师们的技艺，我们可以窥见什么是超越自我。超越自我之路需要勇气。"获得任何技能，冒险都是决不可少的，"德莱弗斯说，"因为你必须把规则抛在脑后，抛开通常人们会做之事，深入自己在世之体验中去。出于兴趣的冒险和单纯的冒险的区别在于，一个人是不是为了自己投身之事而冒险，他依据什么来定义自己，以及在他的生命中什么会产生有意义的差异。这类冒险，是想成为任何一个领域的大师要走的必经之路。"

换言之，只有你真的关心了，才会看到有意义的差异。

第八章
人的作用是什么？

所有美好的事物……都源于恩典，恩典源于艺术，而艺术来之不易。

——诺曼·麦克恩，《大河恋》

我要试着做一个列表，在表中列出这条主街上所有的店铺，记下店主的名字和姓氏，记下公墓墓碑上的名字和碑文……要精确完成这样一项任务既希望渺茫又让人心碎。没有一张表可以承载我想要的，因为我想要记下的是所有所有的一切——每一句话和每一点滴的思想，每一寸射在树干上和墙上的光线，每种气味，每个洞穴，每次疼痛，每个断裂，每次幻想。我想将这一切紧紧抓住，让它们散发光芒，永恒存在。

——艾丽丝·门罗，《女孩和女人们的生活》

看护工作的未来

一家全球领先的卫生保健器械与系统供应商正在试图了解老年人看护行业的未来发展，尤其是在日本、法国、加拿大和美国这些国家的老龄人口不断变化的情况下。我们在上述四个国家的 33 个机构中，对超过 450 个人进行访谈和观测，与他们合作完成意会研究。这项研究所涉及的机构包括养老院、老年痴呆患者看护中心、老人日托中心和老人养护中心，研究的目的是了解长期看护行业的未来发展趋势，以及病患和看护人员的经历会发生哪些改变。

到目前为止，老年人长期看护行业的发展模式依然遵循许多其他快速发展的产业的发展曲线。财政压力以及不断增加的对老年人看护的负担对效率提出了更高的要求。护理人员和其所在的机构都觉得应该更加关注那些可以被测量考核，并能够产生明显的投资回报的看护内容，包括较高的病患与护理人员比，较少的跌倒次数和低压疮发生率。为了达到这一目的，护理人员及其机构开始主要关注病患的身体需求，例如洗澡、如厕、上下床，他们尽量将这些看护工作标准化，以实现效率最大化。就如参与研究的一个护理人员所说："我不想说我们是机器人，但是我们确实需要完成工作……我们根本没有时间真正了解这些老人。你根本就不知道他们经历过什么。"

长期看护领域对效率的追求，与企业对单一文化的依赖，或与教育体制对指标、问责制和标准化测试的追求如出一辙。这是我们的管理科学在现代社会发展的顶峰：通过一种高度优化的体系，用定量的方式来衡量病患。

但是在研究中呈现出来的模式，却为长期看护行业的发展提供了新的愿景。这一新的发展会使我们对以测量和投资回报为形式出现的抽象知识的态度有新的认识。它最终还将使我们更加清晰地了解人的作用到底是什么。

兰德尔与下午 3 点时的解决方案

在美国加利福尼亚州的老人养护中心，现在正是换班的时间，一位名叫兰德尔的 87 岁的患者开始越来越焦躁不安。每到这个时间他都会这样，他患有老年痴呆症。换班是在每天下午 3 点，每次换班都要有人员的移动，会出现新的面孔，有些混乱。这种混乱会触发兰德尔内心深处的一些东西，他总会蠢蠢欲动，开始在幻觉状态下与人发生不愉快的争执。

芭芭拉是他的一个看护人员，她会将兰德尔带到餐厅，慢慢地、有条不紊地将其他的患者带出餐厅。兰德尔开始在房间里踱来踱去，掀桌子、踹椅子。他还会紧紧抓住芭芭拉的胳膊不放。芭芭拉将她的胳膊抽出来并若无其事地说："亲爱的，我的胳膊不能这样弯。"然后她会试图转移他的注意力："看看窗外照进来的阳光，兰德尔，看今天的阳光多明媚。"她和其他的患者一起通力合作。如果有人趴在桌子上睡着了，她会轻轻敲敲他们，将其唤醒，帮助他们从椅子中站起来，走出房间。她在坐在轮椅中和拄着拐杖的患者中穿行，把他们一个个推到走廊,这样兰德尔就可以被隔离开。当房间里只剩下兰德尔的时候,她就把门关上,留下来看着他,隔着玻璃确保他是安全的。

"我们让他待在餐厅,这样他就可以将精力释放出来,"芭芭拉对研究人员说,"当他感到焦躁不安的时候,这个地方空间大,光线好。当其他患者看到兰德尔在那儿时,他们知道自己不能进去。"

对于患有老年痴呆的人,这种痛苦非常普遍,这也改变了长期看护领域的行业规则。经济合作与发展组织预测,从 2015 年到 2035 年,美国患有老年痴呆的人将增加 63%,而日本将增加 74%。老年痴呆病人的焦躁特征会耗费护理人员大量的时间,整个看护的模式都会被彻底颠覆。看护中心需要重点关注如何避免焦躁的情绪蔓延,以及如何减少看护任务中和看护任务之外的摩擦。那些比较容易量化测试的部分,比如压疮的发生次数,对于像兰德尔这样的患者的看护工作没什么作用。真正重要的是个性化战略,是娴熟的技巧,正如他的看护人员每天所展示的那样。

这种类型的看护工作需要护理团队的成员更好地了解兰德尔,既要了解他之前的生活,也要了解他在看护中心的经历。例如,芭芭拉发现兰德尔做过几十年的老师。他在 3 点换班时出现的反应并不是偶然的。下午 3 点正是放学的时候,走廊里到处都是从教室里出来往家赶的孩子们,这种放学时的活力留存在兰德尔的肌肉记忆中,使他每天到这个时间段都会产生反应。当看护中心进行换班的时候,兰德尔会感到迷惑和困扰,他不能清晰地辨识自己周遭的情况。他能感觉到周围在发生着什么,但是却不知该如何反应。他的护理团队把这些星星点点的内容拼凑在一起,将他的行为与他在看护中心以外的生活联系起来。芭芭拉会叫他"约翰逊先生",就像他的学生称呼他一样,

让他平静下来。考虑到下午 3 点时会出现的混乱，在新的看护人员签
到时，芭芭拉会和其他工作人员用歌曲或故事转移他的注意力。

芭芭拉说："我们已经用科学的方式解决这个问题了，有时他就
是需要转移一下注意力。用轻柔的就像喃喃细语那样的声音就能让他
平静下来，有时他需要你和他用一样的语气说话，就像是他的声音的
回音一样。这些都需要你自己去感觉、总结。"

当所有这些技巧都无法让他平静下来时，兰德尔的护理团队制订
了一个应对方案。他们会将他温柔地领到餐厅，让他单独一个人待上
一小会儿。这样，他就能"把能量释放出来"。

工作人员将兰德尔的护理方案写在白板上，同时也打印出来，在
护理团队成员中传阅："兰德尔是一名木工，给他积木"或者"兰德
尔是一名咨询顾问，问问他的工作情况"。这种类型的知识是没办法
被记录下来的，因为它只是与一个人的看护工作相关：兰德尔。如果
兰德尔所在的看护中心试图应用管理科学，将这种知识"扩展"到其
他领域，他们会发现这是很难的。对病人来说，最好的看护是在了解
每个病人的情况后，设计出一系列最适合个人需求的战略。

这种个性化的看护工作似乎是用心良苦又成本颇高的战略，但实
际上，兰德尔所在的中心发现这是应对兰德尔和他的老年痴呆症最有
效的方式。通过运用技巧、暗示和转移注意力这些方法，他们可以做
到给兰德尔洗澡、喂饭并让他平静下来，这样的方式比他们按部就班
地按照列表核对兰德尔的身体状态，而忽略他越来越强的不适和导致
不适的原因要更有效。而且这种个性化的看护与护理人员的愿景更
加契合。当护理人员将病患作为一个个体去一一了解时，他在工作中
就会少一些倦怠和压力，同时他的工作也具有更大的意义。

看到上述事例，你可能会说，好吧，我们当然需要好的护理，但是这种模式实施起来太昂贵了。然而我们发现，真正的成本来自通过管理科学和编码知识所实施的看护的费用。就如同案例所展示的，对于老年痴呆这种病症，高质量、个性化的护理的成本更低，因为效率可以直接降低成本。根据我们所研究的每个国家的护理人员和其管理层的反馈，对老年痴呆病人实行更加个性化的护理，能让他们每天节约大量的时间。当整个看护中心的氛围变得更加平和宁静时，摩擦就会被避免，跌倒的病人数量也就会减少，压疮的发生次数也会随之减少。这样整个体系会运行得更好。

"我们关注的重心越来越从任务向人转移，"一位看护中心的管理者告诉我们，"如果能够和看护人员建立起关系，对病患来说也更好一些。他们出现过激行为的可能性会减少，会获得更高质量的生活。这样我们的工作也会变得更加简单、快捷。"

这样的转变需要我们从根本上改变我们对时间与成本的基本假设。这种在老年痴呆看护方面的"新效率"是完全本地化和受情境限制的：它无法被抽象化和扩展应用。因为世界上不再有第二个兰德尔，因此也就没有标准化的解决方案来解释兰德尔的行为。今天的护理人员可以运用经验分享针对病人的具体知识，包括各种诀窍和技巧，来使护理工作变得更加容易。当这些知识很重要时，尤其在病人容易受到惊吓或暴躁的情况下，我们应该采取更多的手段，使护理人员可以更便利地获取这种基于经验、具有病人针对性的知识。新技术的潜能让人兴奋的地方，并不在于它可以使标准化的程序更加快捷，而是它可以对个性化护理起到辅助作用。换言之，护理人员需要的是可以让他们确切知道针对每一个患者如何"按下正确的按钮"和根据患者的情况调整看护方式，而不是总是按着同一个按钮，只是越按越快。

当然不是所有的情况，但在很多情况下，人类的智慧在处理情境提出的挑战时，仍然是最有效的智慧。这种效率的基础并不是可扩展的知识，而是对独特情境的深刻的理解。

打破魔咒

82岁的温德尔·贝里是美国的国宝级人物。几十年间，他一直在肯塔基州亨利县耕种一块土地，同时在他的母校肯塔基大学教书，他写了40多部小说、散文与诗歌。在20世纪80年代，在他农场的门廊，贝里成为改变美国农业蓝图的先驱。1985年，他写了一篇具有前瞻性的散文《人的作用是什么》（"What Are People For"）。这篇散文可以为我们的意会之旅画上一个完美的句号。

在散文中，贝里回顾了美国不断加速的城市化进程，以及乡村生活和社区的空心化。他呼吁知名的经济学家关注那些曾经在土地上劳作的人，那些"永久性失业"的人。根据农业经济学家的观点，他们是效率最低的生产者。贝里写道："如今，每天都有数百个农民在失去他们的农场，经济学家仍然在说，就像他们一直以来所说的那样，那些人本该如此……而且因为他们的失败，我们可以过上更好的生活。"

这些经济学家所拥有的知识和他们曾完成的工作，已经彻底被林林总总的机器与化学品的不同组合所替代。有人将这种替代称为农业科学的胜利,但是贝里想知道,那些被认为无用的人该怎么办。"是不是淘汰人类已经成为我们的社会目标了?"他问道。

在 20 世纪 80 年代,贝里的问题主要涉及和农业相关的工作与知识。但是 35 年后,我们几乎可以针对所有涉及人类劳动力的工作提出同样的问题。今天的白领工作,例如会计、律师、记者和股票交易员所处的危险境地,与当年耕种、驾驶和制造领域的蓝领工作相比有过之无不及。2013 年,牛津大学的研究人员提出,在未来的 20 年里,目前美国几乎一半的工作都可以由机器来完成。

这些统计数据可能都有些夸大其词,但是毋庸置疑的是,被广泛使用的 IT 系统和机器人已经在我们今天的生活中起到了非常重要的作用。生活的改善和更有意义的进步确实值得庆祝,但是蕴含在每一份被替换的工作中的智慧该怎么办呢?

在我们的世界中,每一天的每一个细小但又重要的动作都包含了丰富的知识。如果放弃那些知识,我们未来的福祉、生产效率、安全和人类精神的滋养都将面临巨大风险。当我像温德尔·贝里一样问起"人的作用是什么"时,我并不是在建议我们抛弃算法和机器学习。我既不是在怀旧,让大家回归过去的方式,也不是企图逃避到一个没有技术的孤岛上。当我问起"人的作用是什么"时,我并不是在进行选择性提问。我只是在提醒大家,一个冻结在自然科学魔咒下的文化,并不是真正的文化。当我们视技术及其提供的解决方法超过其他的一切时,我们将无法看到人类智慧所表现出的机敏与精细。当我们将技术凌驾于人类之上时,我们将不再把数据与其他资源整合在一起,我们会错过可持续的效率,因为它源自整体的思维,而不是优化的方式。

在意会过程中最重要的一点是，当我回应温德尔·贝里的问题时，我想问为什么在西方世界，尤其是在美国，参与文化质询已经成为一种不必要的奢侈？为什么艺术、诗歌和音乐只是我们在周末时才涉猎的爱好？为什么观看戏剧和演唱会只是那些自以为是的人的特权，而看小说是浪费时间？艺术，我想只是适于那些少数的幸运儿。"这些对赚钱有什么用呀？"人们会问。看故事和听歌曲花的时间并不能给你带来收入。严肃的诗歌和高深莫测的理论只是女士们午餐时谈论的话题。抱着一本小说读所花费掉的只是我的时间，并不是能带来收益。

然而，这个问题的回答是清晰明了的："人的作用是什么？"人是可以创造和解释意义的，而人文学科领域可以为完成这一任务提供理想的基础训练，它可以为我们提供超过两千年的资料。当然，已有的人文学科成果给我们带来了愉悦，同时它们在人们处理存在于任何文化和组织中的核心问题时也是一种实用的工具：该如何理解其他的世界、习俗、意义和竞争市场。这些技能，是意会的精髓，也是永远无法外包的技术。机器学习在这一方面永远只能望洋兴叹。这是因为这些技能需要对事物持有一定的观点，而算法是毫无观点可言的。

你在听勃拉姆斯的音乐，或者通过为数不多却极为强烈的桑·豪斯的音乐来了解20世纪30年代的时候，又或者坐下来阅读西尔维娅·普拉斯的诗歌的时候，你就是在锻炼你的分析能力，这对你的初创企业、你的社会事业还有你当前状态都会大有好处。你可以让一切变得更有趣，最重要的是让一切变得更真实。别再紧紧抓住商学院所教的肤浅的教条或是自然科学所提出的普遍性原理不放了。人文学科不是一种奢侈，它们才是你的竞争优势。

　　所以在你嘲笑自己的女儿想学儒家哲学，或鄙视那些选择学习中世纪法国诗歌的人之前，你要知道，你很可能将来就为那样的人工作。如果你公司的董事会主席或总裁曾主修历史或热衷于斯拉夫语研究，或是古希腊语专家，你一点也不要感到奇怪。如果你的儿子对数学真的充满激情，你一定要鼓励他进入 STEM 领域。但是，如果你只是为了实用的目的，强迫自己或你的孩子放弃人文科学去学习自然科学，这样的做法无论是对自身还是对社会的未来都是无用的。我们当然需要顶尖的化学工程师、数学家和软件开发人员，但是我们也需要才华横溢的诗人、歌唱家、哲学家和人类学家。我们需要综合方方面面的精彩见解，而不是试图作为单个的个体或文化达到最优状态。

　　因为当我们将自己最优化时，我们就无法看到患有老年痴呆症的兰德尔与任何在养老院居住的其他老人之间的区别。最优化就是对资源精打细算，努力减少投入，而技术是缩减成本的主宰。但是，我们不能让它成为我们的主宰。我们要使技术让位于我们的同事，或者一个受过良好训练的助手或伙伴。当我们认为自己是文化的唯一诠释者时，我们就能解放自己，并看清技术的本质：它只是我们器械库中的一个工具。它的确可以有助于我们达成非凡的成就，但是我们仍需要思考达成目标后我们又该做什么。只有源于情境的精湛技艺所激发的行为才能解决我们面对的困境。

　　所以当你开始你今天的生活时，我恳请你打破魔咒，看看你的周围，听一听文化中充斥着的情绪，它正告诉你一个神奇新应用可以追踪你的电子足迹，或者医疗健康领域的一个新企业可以对你的症状进行即时诊断。那些都是小伎俩，就是针对一个情况有用。我们必须保持谨慎。史蒂夫·乔布斯曾说过："这会改变一切。"而我们要用这一

咒语打破魔咒："这将改变一些事情。"毕竟人文科学的广博教育告诉我们，没有什么是可以改变一切的。不管是动力学、家庭纠纷、伟大帝国的兴衰，还是我们与上帝的关系或我们在爱情中的经历，其中所涉及的想法、书写的故事和带来的艺术作品都与人文学科息息相关。我们人类对爱情、知识、目的和对卓越的渴望从来都不是什么新的事物。也正因如此，它们也永不苍老。

一旦魔咒被打破，我们就可以用全新的目光看看周围的世界。你可能会发现，无论是在大街上、家里，还是学校里，每一天都有精彩的事情发生。这些事就如同哈勃太空飞船或谷歌设计的围棋算法一样让我们惊叹。今天，哪怕只是用短暂的瞬间，让我们来感叹一下乔治·索罗斯是如何做到用自己的身体感受市场的变化，想想比亚克·英格尔斯是如何运用情境的独特性来决定建筑的形状；再想想希拉·汉如何做到在短时间内就可以评估一屋子的几乎完全不相识的人，并达到最佳的学习效果；好好欣赏一下玛格丽特·维斯塔格在庞大臃肿的官僚体系中找到人类的触点；感慨一下克里斯·沃斯在谈判信息中解读出怀疑、机遇、操控和愤怒的能力；而且，你还要好好品味一下凯西·科里森的葡萄酒，因为当你品味科里森解百纳时，你实际上是在体会科里森所笃信的一切，你是在品味一个人在一片土地上对伟大的呼唤。

我们要为这些，还有其他人对我们世界的掌控而欢呼庆贺。如果再近距离观察一下，你会看到很多默默无闻的奇迹就发生在我们身边。你可能会看到在操场上，老师只用一个简单的手势就可以让学生变得整齐划一。你也可能亲眼所见一个娴熟的管理者如何把控团队的氛围。这一切可能就像你拿起一本旧小说，全心全意地阅读并投入另一个世界，跨越时间与空间与另一个人发生关联。

　　实在是有太多的事情让我们感叹了，从我们最伟大的运动员、歌唱家、政治家到商界领袖所达到的高度，到一个护理人员所掌握的精湛技艺，知道该如何轻柔触碰她的患者的手臂。

　　"走廊里嘈杂的声音一定是你的学生发出的，约翰逊先生。"她就是在正确的时间用正确的方式说出了正确的话，兰德尔才能平静下来，并在漫长的一天结束时获得一份宁静。

　　人的作用是什么？算法可以做很多事情，但是它们并不真正在乎它们所做的事。而人会去关心和在意的。